U0166489

中国能源革命与先进技术丛书

李立涅　丛书主编

煤炭清洁技术发展战略研究

岳光溪　顾大钊　主编

机 械 工 业 出 版 社

本书分三篇阐述了我国煤炭清洁燃烧技术。其中,上篇(第1~3章)介绍了超超临界燃煤发电及节水技术,主要内容包括煤炭发电技术发展现状、二次再热超超临界汽轮发电机组新型布置设计技术和700℃超超临界机组设计技术,同时考虑到富煤地区的缺水情况,还介绍了燃煤机组的节水技术。中篇(第4、5章)介绍了燃煤工业锅炉、民用散煤及CCS/CCUS技术,主要内容包括我国工业锅炉和民用煤燃烧的现状和目前应用较好的实用技术,同时对燃煤电厂 CO_2 捕集、利用和封存技术进行了分析预测。下篇(第6~12章)重点介绍了煤电污染物控制处理技术,涉及废气、废水及固态废弃物的源头控制和处理,以及综合利用,并通过技术分析,给出了各技术的发展方向研究、发展路线图及发展战略建议。

本书可作为能源系统、电力系统、能源技术、能源政策以及能源金融等行业相关研究人员的参考书。

图书在版编目(CIP)数据

煤炭清洁技术发展战略研究 / 岳光溪,顾大钊主编 . —北京:机械工业出版社,2020.11

(中国能源革命与先进技术丛书)

ISBN 978-7-111-66780-3

Ⅰ. ①煤… Ⅱ. ①岳… ②顾… Ⅲ. ①清洁煤-研究 Ⅳ. ①TD94

中国版本图书馆 CIP 数据核字(2020)第 197648 号

机械工业出版社(北京市百万庄大街 22 号 邮政编码 100037)
策划编辑:汤 枫 责任编辑:汤 枫
责任校对:张艳霞 责任印制:郜 敏

北京富博印刷有限公司印刷

2020 年 12 月第 1 版·第 1 次印刷
169mm×239mm·9.75 印张·1 插页·234 千字
0001-1000 册
标准书号: ISBN 978-7-111-66780-3
定价: 99.00 元

电话服务 网络服务
客服电话: 010-88361066 机 工 官 网:www.cmpbook.com
010-88379833 机 工 官 博:weibo.com/cmp1952
010-68326294 金 书 网:www.golden-book.com
封底无防伪标均为盗版 机工教育服务网:www.cmpedu.com

丛书编委会

顾问：

周　济	中国工程院	原院长	院士
杜祥琬	中国工程院	原副院长	院士
谢克昌	中国工程院	原副院长	院士
王玉普	中国工程院	原副院长	院士
赵宪庚	中国工程院	原副院长	院士

主任：

李立涅	中国南方电网有限责任公司	中国工程院院士

委员：

杜祥琬	中国工程院	原副院长　院士
黄其励	国家电网有限公司	中国工程院院士
衣宝廉	中国科学院大连化学物理研究所	中国工程院院士
马永生	中国石油化工集团有限公司	中国工程院院士
岳光溪	清华大学	中国工程院院士
王　超	河海大学	中国工程院院士
陈　勇	中国科学院广州能源研究所	中国工程院院士
陈立泉	中国科学院物理研究所	中国工程院院士
顾大钊	国家能源投资集团有限责任公司	中国工程院院士
郭剑波	国家电网有限公司	中国工程院院士
饶　宏	南方电网科学研究院有限责任公司	教授级高级工程师
王振海	中国工程院	正高级工程师
许爱东	南方电网科学研究院有限责任公司	教授级高级工程师

本书编委会

前　　言

本书为中国工程院重大咨询项目"我国能源技术革命的技术方向和体系战略研究"课题"煤炭清洁技术发展方向研究及发展路线图"的研究成果。本书分析了国内外煤炭资源综合利用关键技术的发展现状，研究了未来清洁高效煤炭利用技术的发展方向，结合我国国情与国策提出了煤炭依赖型社会转型的技术路线及方法，规划了煤炭清洁技术的研发体系，提出了煤炭利用技术的应用和推广选择建议。

我国消费的煤炭中约50%用于发电，20%用于工业锅炉、窑炉，22%用于化工转化，8%用于民用散烧。考虑到煤炭清洁技术涉及的技术门类众多，为突出重点进行深入分析，本书内容主要聚焦在占比达到70%以上的煤炭清洁燃烧技术的发展问题上，并以两大类六小类技术作为主要研究对象，即

1）煤炭清洁燃烧技术：①用于发电的超超临界技术；②燃煤工业锅炉技术；③民用散煤利用技术。

2）煤电的节水、低碳和环保技术：①煤电深度节水技术；②CCS/CCUS（碳捕获和埋存/碳捕获、埋存和利用）技术；③煤电废物控制技术，包括废气、废水、固废等废弃物排放控制技术。

基于上述技术，本书分为以下三篇。

上篇　超超临界燃煤发电及节水技术：对我国超超临界燃煤发电技术、先进燃煤发电节水技术的发展现状和未来方向，以及燃煤火电机组绿色、节水发展指标和低碳发展指标，进行了专门的介绍和分析。

中篇　燃煤工业锅炉、民用散煤及 CCS/CCUS 技术：对我国燃煤工业锅炉、居民生活散煤以及燃煤电厂 CO_2 捕集、利用和封存技术的发展现状和未来方向进

行了专门的介绍和分析。

　　下篇　煤电污染物控制处理技术：在综述我国煤炭利用方式及煤电发展现状、煤电污染物排放国际对比的基础上，重点对煤电废气、废水、固废排放控制技术的发展现状及未来方向进行了探讨，并提出了煤电污染控制技术评价体系的建议。

　　由于产业与技术在不断发展，书中难免存在不妥之处，请读者谅解，并提出宝贵意见。

编　者

目　　录

中篇　燃煤工业锅炉、民用散煤及 CCS/CCUS 技术

下篇　煤电污染物控制处理技术

上篇 超超临界燃煤发电及节水技术

第1章 我国燃煤火电机组技术发展现状

煤炭是我国的基础能源，燃煤发电是我国电力生产的主力军，也是重要的调峰能源。目前，我国煤炭的消耗已高达 40 亿 t，其中燃煤消耗煤炭约占 70%。截至 2019 年年底，我国煤电装机容量达到 104063 万 kW，占发电装机容量的 51.8%，其中华北、华东地区燃煤发电装机容量和燃煤发电占比分别排第一、第二位，呈现区域性燃煤火电机组集中的特点。

我国以煤为主的能源结构导致大气污染物排放总量居高不下，城市大气环境形势依然严峻，区域性大气污染问题日趋明显。同时，我国的二氧化碳年排放量已经跃居世界各国首位，其中，火电厂是最大和最集中的二氧化碳排放源，我国火电机组排放量约占全国社会排放总量的一半。2019 年年底，我国单位 GDP 二氧化碳排放比 2005 年下降 45.8%，提前完成 2020 年我国单位 GDP 二氧化碳排放目标。要实现"到 2030 年碳排放量达到峰值"这一目标，实现二氧化碳的绝对减排，我国火电仍面临着巨大的二氧化碳减排压力。

开发清洁、安全、高效燃煤发电以及相关技术，提高能效，降低污染物排放是我国燃煤火电机组发展的方向。在其他条件相同的基础上，蒸汽参数越高，电厂效率越高，供电煤耗越低，相应地，因燃煤引起的污染物及温室气体的排放就越低。随着燃煤发电技术和金属制造加工技术的不断进步，机组参数从亚临界到超临界，再到超超临界，不断地提高；蒸汽再热方式也从一次再热向二次再热转变；蒸汽温度由580℃到600℃，再到620℃，向650℃、700℃挺进，供电煤耗和污染物排放不断地减少。研发清洁燃煤发电成套技术，不断提高火电机组的运行参数和热效率（尤其是研制大容量高参数超超临界火电机组），是优化我国电源结构和实现国家节能减排战略目标的重要措施之一。

近10年来，为进一步降低能耗和减少污染物排放，改善环境，我国常规火电技术飞速向更高参数的超超临界的技术方向发展。截至2019年年底，已投入运行的600℃、1000 MW超超临界机组达124台，其发展速度、装机容量和机组数量均已跃居世界首位。2019年，全国6000 kW及以上火电厂平均供电标准煤耗为306.4 g/(kW·h)，比2018年降低1.2 g/(kW·h)，煤电机组供电煤耗水平持续处于世界先进水平。我国最新设计的600℃、一次再热、1000 MW超超临界机组供电标准煤耗指标降至271.1 g/(kW·h)，最新设计的600℃、二次再热、1000 MW超超临界燃煤机组供电标准煤耗指标降至267.1 g/(kW·h)。清洁燃煤发电成套技术的发展为我国燃煤机组节能降耗、减少污染物排放做出了重要贡献。

第 2 章　超超临界煤粉锅炉发电技术

2.1　技术应用现状及技术开发现状

2.1.1　600℃、一次再热超超临界燃煤机组技术应用现状及技术开发现状

1. 600℃、一次再热超超临界机组技术发展第 1 阶段——技术发展起步阶段

2006 年 11 月，华能玉环电厂 1 号机组 1000 MW 机组的投运，标志着我国 1000 MW 超超临界工程设计、制造技术的重大进步。随后 2007 年 12 月上海外高桥第三发电有限责任公司（以下简称"外三"）并网发电。"外三"工程设计特点是在工程建设过程中实施了多项技术创新和设计优化，这些创新和优化部分来自业主的策划和专利，部分来自"外二"建设和投运经验的应用和推广，部分借鉴欧洲火电技术的创新。"外三"通过在系统及设备全面优化的努力，2011 年实现全年供电标准煤耗 276.02 g/（kW·h），供电效率达到 44.5%。"外三"在设计优化方面包括：机组系统设计参数优化；再热器系统压降优化；蒸汽和给水管道系统优化；烟气余热回收等。

"外三"与国际上最先进的超超临界电厂（日本和欧洲）的性能指标比较见

表 2-1。

表 2-1 "外三"与国际上最先进的超超临界电厂性能指标比较

项　目	"外三" 7、8 号机组			日本常陆那珂电厂	丹麦 Nordjyllandsværket 3 号机组
	2009 年	2010 年	2011 年	2003 年	2009 年
机组容量/MW	2×1000			1000	400
主蒸汽压力/MPa	27			24.5	29
主蒸汽温度/℃	600			600	580
一次再热蒸汽温度/℃	600			600	580
二次再热蒸汽温度/℃	—			—	580
平均负荷率（%）	75	74.4	80	—	89
冷凝器压力/kPa	4.9			—	2.3
供电效率（%）	43.53	44.02	44.5	43.6	42.94
供电标准煤耗/[g/(kW·h)]	282.16	279.39	276.02	282.11	286.08

注："—"代表未收集到相关数据。

2. 600℃、一次再热超超临界机组技术发展第 2 阶段——与国外技术开展的对标工作

国内主要电力工程设计集团开展了大型科研课题"高效、节能、节水、环保型电厂设计研究"工作，在研究过程中重点关注发达国家超超临界设计技术研发进展，收集了日本及德国等国 600℃、一次再热超超临界机组应用资料，开展了相应的对标及技术跟踪工作。

1998 年，日本第 1 台 600℃超超临界机组投运，参数为 24.5 MPa/600℃/600℃，随后日本不断发展 600℃超超临界机组发电技术，技术水平已经成熟，投运 600℃超超临界机组 9 台。2009 年投运的新矶子电厂 2 号机组蒸汽参数为 25 MPa/600℃/620℃。目前，日本投运的 600℃超超临界机组单机容量最高为 1050MW。其中有代表性的部分超超临界机组主要参数及技术指标见表 2-2。

表 2-2　日本投运的部分 600℃超超临界机组主要参数及技术指标

电厂名称	机组容量/MW	机组参数	设计机组热效率（%）	设计厂用电率（%）	实际运行统计供电标准煤耗/[g/(kW·h)]
日本新矶子电厂 2 号机组，2009 年投运	600	25MPa/600℃/620℃	45	5.4	—
日本橘湾电厂 1、2 号机组，2000 年投运	2×1050	25MPa/600℃/610℃	44.1	4.9	285.38
日本常陆那珂电厂，2003 年投运	1×1000	24.5MPa/600℃/600℃	45.1	5	282.11~288.73

注："—"代表未收集到相关数据。

欧洲应用的 600℃、一次再热超超临界机组主要分布在德国（意大利和荷兰也有部分），其主要参数见表 2-3。

表 2-3　德国投运的再热蒸汽温度超过 600℃超超临界机组情况

机　组	参　数
德国 Datteln 4 电厂 1100MW	28.5MPa/600℃/620℃
德国 RDK8-912MW	27.5MPa/600℃/620℃
德国 Westfalen-2 台 800MW	600℃/620℃
德国 Ensdorf	600℃/620℃
德国 Walsum 10-750MW	29.0MPa/600℃/620℃
德国 Herne2 台 800MW	600℃/620℃
德国 Boxberg R 电厂-900MW	31.5MPa/600℃/610℃
德国 GKM9-911MW	27.5MPa/600℃/620℃
德国 Moorburg A/B 电厂 2 台 800MW	30.5MPa/600℃/610℃
德国 Staudinger 6#	27.5MPa/598℃/619℃
德国 Neurath F#、K#2 台 1100MW	26MPa/600℃/605℃

世界上在建的超超临界大容量机组，主蒸汽压力多在 25 MPa 以上，压力较高，锅炉高温过热器管束的壁厚很厚，在达到同样蒸汽温度的情况下，与壁厚薄的管束相比，管束的金属温度要高一些。因此，为了使锅炉高温过热器管束的金属温度控制在安全工作范围内，目前超超临界机组的主蒸汽温度都不超过 600℃。

对再热蒸汽而言，由于压力相对较低，锅炉再热器管束的壁厚较高温过热器薄，在保持管束的金属温度相同的情况下，介质温度可以高一些。欧洲和日本已有多台机组采用 610~620℃ 的再热蒸汽温度，部分机组已经投运，如日本橘湾电厂 1、2 号机组（再热蒸汽温度选择 610℃）、日本新矶子电厂 2 号机组（再热蒸汽温度选择 620℃），德国多个电厂再热蒸汽温度选择 620℃。

通过多年的发展，介质温度为 600~620℃ 的高温材料在锅炉、汽轮机、阀门及管道各方面已有良好的运行业绩，具有良好的可靠性。介质温度超过 620℃ 的高温材料尚在开发中，尚待小规模工程的试验验证。

在对标过程中，发现德国是世界上唯一将各种优化设计技术集成应用于燃褐煤 600℃ 超超临界机组的国家。

1996 年，德国提出了著名的燃煤电站"BOA 计划"，完成火电设计技术的集成，包括采用超超临界参数、冷端优化、褐煤干燥、锅炉系统优化、汽轮机系统优化、热力系统优化、区域供热等设计技术的工程集成应用。

"BOA 计划"发展路线分成 3 个步骤实施。

"BOA 计划"的 1/3 项目：燃褐煤超超临界机组示范电站 1×1027 MW 机组 Nicderausem K 电厂，580℃/600℃，商业行动时间为 2004 年 1 月，该项目用煤热值为 2200 kcal/kg$^{\ominus}$、燃煤水分为 53.3% 的褐煤最终达到了 43.2% 的效率，机组年平均供电标准煤耗为 292 g/(kW·h)。与传统燃褐煤亚临界机组效率 35.5% 即 346.5 g/(kW·h) 相比，Nidederaussem K 电厂采取的各项设计集成措施取得

$\ominus$ 1 kcal/kg=4186.8 J/kg。

的效率提高见表2-4。

表 2-4　Nidederaussem K 电厂与传统燃褐煤亚临界机组比较

燃褐煤机组设计技术集成	主 要 措 施	效率提高（%）
厂用电系统优化	所有用电系统优化	+1.3
热力系统优化	10 级给水加热，给水温度为 295℃	+1.1
蒸汽参数变化	主汽蒸汽参数从 17.1 MPa、525℃→26 MPa、580℃ 再热蒸汽参数从 3.07 MPa、525℃→4.65 MPa、600℃	+1.3
蒸汽轮机	叶片设计，排汽面积为 $6×12.5\,m^2$	+1.7
冷端优化	从 6.7 kPa→2.8 kPa～3.4 kPa	+1.4
烟气余热回收技术	排烟温度从 160℃ 降到 100℃	+0.9
合计		+7.7

"BOA 计划"的 2/3 项目（后改为 BOA+项目）：燃褐煤超超临界机组，Neurath F#、K#项目，单机容量为 2×1100 MW，600℃/605℃/29.5 MPa。可适应预期燃用的褐煤特性。煤热值为 1818～2775 kcal/kg（水分占 42% 以上），该项目于 2011 年投产。

"BOA 计划"的 3/3 项目：将所有技术集成在 700℃ 蒸汽参数的大机组示范应用，发展目标是机组净效率达到 50% 以上。

3. 600℃、一次再热超超临界机组技术发展第 3 阶段——技术提升阶段

在对标和设计技术优化的基础上，国内火电集团和设计院借鉴国内外先进经验，对系统及设备全面优化，并开展工程化设计工作。其中最新设计的 1000 MW 超超临界机组与早期设计的 1000 MW 超超临界机组主要技术指标对比见表2-5。

表 2-5　最新设计与早期设计的 1000 MW 超超临界机组主要技术指标对比

项　目	早期设计的 1000 MW 超超临界机组	最新设计的 1000 MW 超超临界机组
机组参数	27 MPa/600℃/600℃	28 MPa/600℃/620℃
汽轮机热耗值/[kJ/(kW·h)]	7320	7217
系统优化	未考虑低温省煤器等	9 级回热，蒸汽冷却器，低温省煤器
锅炉效率（%）	93.64	94.70
管道效率（%）	98.00	99.00
厂用电率（%）	3.80	2.98
发电效率（%）	45.13	46.77
发电标准煤耗/[g/(kW·h)]	272.5	263
供电效率（%）	43.42	45.37
供电标准煤耗/[g/(kW·h)]	283.3	271.1

与早期设计的 1000 MW 超超临界机组相比，最新设计的 1000 MW 超超临界机组供电效率提高 1.95%，供电标准煤耗下降 12.2 g/(kW·h)。

2.1.2　600℃、二次再热超超临界燃煤机组技术应用现状及技术开发现状

1. 600℃、二次再热超超临界机组设计技术开展的对标工作

二次再热机组通过采用两级蒸汽再热提升卡诺循环效率，以提高机组经济性。结合二次再热系统、紧凑型布置等技术，掌握超超临界二次再热机组相关系统、布置、设备、安装、运行的核心技术，可形成我国自主开发、设计和制造超超临界二次再热机组的能力，为未来 700℃ 超超临界燃煤发电机组示范工程的开发建设打下坚实的基础，因此从 2008 年起国内加大了该技术的应用研究。2008 年起，中国电力工程顾问集团公司及所属华东院与上海外高桥第三发电有限责任公司共同开展了"二次再热超超临界汽轮发电机组新型布置设计技术研

究"课题研究。

据不完全统计,全世界有约 52 台两次再热超(超)临界机组投入运行,美国、德国、日本、丹麦等国家均开发并投运了二次再热超(超)临界火电机组,其燃料覆盖煤、油和天然气,其中 34 台为燃煤机组。而在参数上达到超超临界机组参数的仅有 1 台,即丹麦 Nordjylland 电厂#3 机组,该机组主要技术参数及技术指标见表 2-6。

表 2-6　丹麦 Nordjylland 电厂#3 机组主要技术参数及技术指标

机组容量/MW	机组参数	设计机组热效率(%)	设计厂用电率(%)
1×385	29 MPa/582℃/582℃/582℃	47	6.5

并且,该机组为了解决循环水温度过低、防止汽轮机低压缸排汽湿度过大而采用了二次再热的热力系统。

2. 600℃、二次再热超超临界燃煤机组设计技术研究

发达国家均开展了二次再热超超临界机组设计技术应用研究。目前,将机组参数提高到主蒸汽压力 28～35 MPa、温度 600℃,再热汽温 620℃的等级,采用二次再热的汽轮机热耗可降低 200～300 kJ/(kW·h)。采用二次再热技术以提高机组效率是一项从 20 世纪 50 年代就开始研究应用的技术。根据早期二次再热机组的资料,采用二次再热技术可使机组的热效率提高约 2%,但也造成了锅炉调温方式、受热面布置等的复杂性,汽轮机结构变化较大,机炉连接的汽水管道系统复杂等不利条件,二次再热机组的成本明显提高。加之 20 世纪 60～90 年代电厂燃料成本便宜,二次再热技术效率提高带来的燃料耗量降低的优势很难抵消投资成本的增加。因此,二次再热技术一直未能成为发达国家燃煤火电厂的主流技术。然而,进入 21 世纪第 2 个 10 年以来,国际上对燃煤火电机组节能减排的要求日益严格,国内外发电企业和主机制造企业不约而同地重新开展了二次再热机组的研发。欧盟、美国和日本计划的 700℃主机方案,无一例外地将

二次再热机组作为主要技术路线。二次再热、高参数成为高效超超临界火电机组的主要方向之一。

3. 600℃、二次再热超超临界燃煤机组工程设计

在完成600℃、二次再热超超临界燃煤机组研究基础上，国内火电集团以项目为依托，开展了能源示范项目工程化设计工作。该600℃、二次再热超超临界燃煤机组项目设计技术指标见表2-7。

表2-7　600℃、二次再热超超临界燃煤机组项目设计技术指标

项　　目	数　　值
机组容量/MW	2×1000
机组参数	29 MPa/600℃/610℃/610℃
汽轮机热耗值/[kJ/(kW·h)]	7040
系统优化	10级回热，2级蒸汽冷却器，低温省煤器
锅炉效率（%）	94.65
管道效率（%）	99.00
厂用电率（%）	3.91
发电效率（%）	47.92
发电标准煤耗/[g/(kW·h)]	256.7
供电效率（%）	46.04
供电标准煤耗/[g/(kW·h)]	267.1

2.2 二次再热超超临界汽轮发电机组新型布置设计技术研发

我国能源消耗的现状及环境保护承受的巨大压力，促使我国应尽快开发成熟的、更高效率的清洁燃烧的火电机组，以便在700℃超超临界机组技术成熟之

前建造比现有超超临界机组效率更高的新一代超超临界火电机组。

利用目前 600℃ 等级超超临界机组的成熟材料，开发参数更高的二次再热机组，成为我国的选择。这一选择不仅能够使我国的超超临界机组水平踏上一个新的台阶，而且也能为将来我国发展 700℃ 超超临界机组奠定基础。

随着火电机组初参数的提高，对高温管道材料的要求也越来越高，高温管道的造价也随之提高，对火电机组投资成本的影响也越来越大。因此，想方设法减少高温管道的用量成为高参数火电机组的一个研究重点，对于 700℃ 超超临界机组而言，这一课题变得极其重要。国内的一项实用新型专利"一种新型汽轮发电机组"提出了一个新的思路。根据该专利的设想，汽轮机发电机组采用双轴，高低压轴系采用高低位错落布置，高压轴系布置在锅炉出口联箱附近的高位，这样可以大幅度地减少高温管道的用量。

新型布置方案的主要布置设计中，主厂房采用整体三列式结构，从汽轮机至锅炉分别是低位汽机房、高位汽机房及除氧间+煤仓间、锅炉。布置示意图如图 2-1 所示。

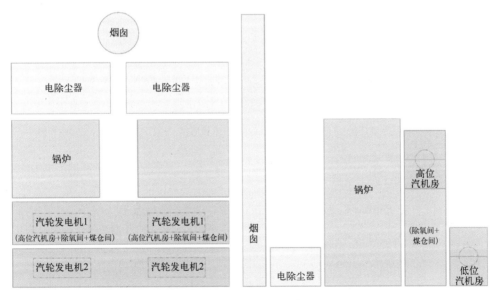

图 2-1　新型布置方案示意图

高压轴系汽轮发电机组布置在原煤斗及输煤皮带的上方，针对高压轴系汽轮发电机组的布置特点，为了减少抽汽管道的长度和充分利用高压轴系汽轮发电机组下方的空间，将高压加热器布置于高位汽轮发电机组和输煤皮带之间。合并常规布置中的煤仓间和除氧间，并在其顶部设置高位汽机房，组成高位汽机房及除氧间煤仓间综合框架。综合框架中布置了高压轴系汽轮发电机组、高压加热器、除氧器、运煤皮带层、煤斗、磨煤机、汽轮机给水泵组等设备。同时，考虑了高压轴系汽轮发电机组的检修空间。

主厂房和锅炉的布置如图 2-2、图 2-3 所示。

主厂房采用 1300 MW 容量等级机组，双轴汽轮机，并且采用高压轴系汽轮机高位布置的方式。由于采用更高容量的双轴汽轮机并且减少了机炉连接管道的长度，使得机组效率进一步提高，相关技术指标见表 2-8。采用汽轮机高位布置，为今后 700℃ 先进超超临界机组的厂房布置进行了技术储备，表 2-8 为 600℃、二次再热新型布置超超临界燃煤机组设计技术指标。

表 2-8   600℃、二次再热新型布置超超临界燃煤机组设计技术指标

项　　目	数　　值
机组容量/MW	1300
机组参数	30 MPa/600℃/610℃/620℃
汽轮机热耗值/[kJ/(kW·h)]	6907
系统优化	10 级回热，2 级蒸汽冷却器，低温省煤器
锅炉效率（%）	94.6
管道效率（%）	99.00
厂用电率（%）	3.5
发电效率（%）	48.81
发电标准煤耗/[g/(kW·h)]	252.0
供电效率（%）	46.96
供电标准煤耗/[g/(kW·h)]	261.1

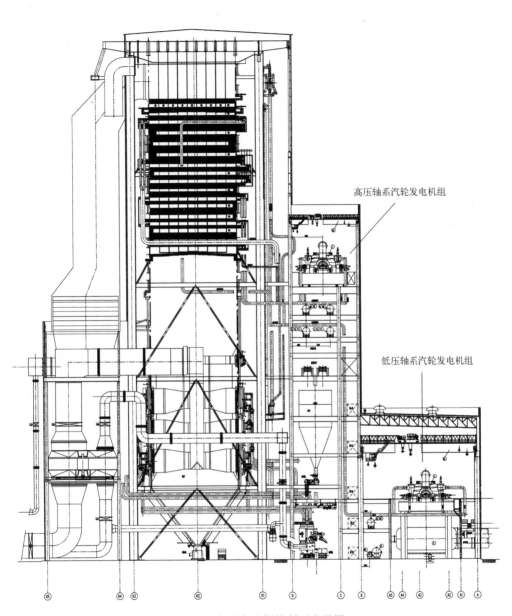

高压轴系汽轮发电机组

低压轴系汽轮发电机组

图 2-2　主厂房和锅炉断面布置图

图 2-3   主厂房和锅炉三维布置图

2.3   700℃超超临界机组设计技术研发

欧洲、日本和美国等发达国家已将下一步的发展目标定位于蒸汽温度达到 700℃及以上的更为先进的超超临界机组（AUSC），并制定了相应的发展计划。为进一步提高我国燃煤电站技术水平，形成从材料研发到电站成套技术的自主知识产权，国家能源局于 2010 年 7 月 23 日组织成立了"国家 700℃ 超超临界燃煤发电技术创新联盟"。该联盟的宗旨是通过对 700℃ 超超临界燃煤发电技术的研究，提高我国超超临界机组的技术水平，实现 700℃ 超超临界燃煤发电技术的自主化，带动国内相关产业的发展，为电力行业的节能减排开辟新的路径。

根据以上目标，国家能源局组织开展科研项目"700℃ 超超临界燃煤发电关键设备研发及应用示范研究"。根据目前的计算结果，700℃ 机组的热效率和煤耗值与目前国内最新的 600℃ 一次再热和二次再热超临界机组热经济性对比见表 2-9。

表 2-9 700℃ 一次再热机组与 600℃ 机组热经济性对比

指　　标	600℃ 一次再热机组	600℃ 二次再热机组	700℃ 机组
锅炉效率（%）	95	95	95
管道效率（%）	99	99	99
汽轮机热耗值/[kJ/(kW·h)]	7250	7100	6800
发电热效率（%）	46.7	47.7	49.8
厂用电率（%）	4	4	4
供电热效率（%）	44.8	45.8	47.8
发电标准煤耗率/[g/(kW·h)]	263.4	258	247
供电标准煤耗率/[g/(kW·h)]	274	268	257
供电煤耗变化量/[g/(kW·h)]	0	−6	−17

注：表中的煤耗和机组效率没考虑锅炉烟气余热利用情况。

700℃ 一次再热机组与 600℃ 一次再热机组相比供电热效率提升 3%，供电标准煤耗降低 17 g/(kW·h)，与 600℃ 二次再热机组相比供电热效率提升 2%，供电标准煤耗降低 11 g/(kW·h)。

2.4 燃煤超超临界煤粉锅炉发电技术发展战略

2.4.1 低碳发展指标

按照国家有关部门要求，根据目前的技术成熟程度，新建燃煤发电项目 1000 MW 级（600℃等级）湿冷超超临界机组供电标准煤耗须不高于 282 g/(kW·h)，折合 CO_2 排放为 762 g/(kW·h)，采用新型布置的 600℃ 等级、二次再热湿冷超超临界 机组供电标准煤耗将降至 261.1 g/(kW·h)，折合 CO_2 排放为 705 g/(kW·h)，采 用新型布置后燃煤火电机组可在目前要求的供电煤耗基础上降低煤耗 7.5%，同时 CO_2 排放同比降低 7.5%。而 700℃ 湿冷超超临界机组可将供电标准煤耗 降低至 257 g/(kW·h)，折合 CO_2 排放为 694 g/(kW·h)，CO_2 排放同比降 低 9%。

2.4.2 技术发展战略

根据我国的实际情况，超超临界技术发展的战略目标是，在目前高温材料的 基础上，自主开发参数为 600℃/610~620℃/610~620℃、单机容量为 1000 MW 级 的二次再热超超临界机组；开发 700℃ 机组耐热合金材料，对 700℃ 机组的关键部 件进行试验验证，开发 700℃ 机组的主要设备和辅助设备，建设 700℃ 超超临界机 组示范工程，全面掌握 700℃ 超超临界机组技术。

从"十三五"开始发展到 2030 年，各阶段完成的战略目标见表 2-10。

表 2-10　发展阶段时间表

2016~2020 年	2021~2030 年
（1）推广应用 600℃/610℃/610℃、单机容量为 1000MW 级的二次再热超超临界机组 （2）完成 600℃/610℃/610℃ 二次再热超超临界汽轮发电机组新型布置示范项目 （3）完成 700℃ 机组耐热合金性能评定研究工作 （4）完成 700℃ 主机关键部件试验验证工作 （5）推广燃煤电厂综合系统节能提效技术	（1）完成 700℃ 超超临界机组示范工程建设 （2）全面掌握 700℃ 超超临界机组技术并推广应用

第3章 先进燃煤发电深度节水技术

3.1 我国发展燃煤火电机组特点

3.1.1 我国燃煤火电机组未来布局特点

我国的煤炭资源主要集中在中西部,中西部内蒙古、山西、陕西、新疆、贵州和宁夏六省区的煤炭资源总量和保有查明储量约分别占全国的 91.6% 和 85.1%。中西部地区煤炭开发具有显著的资源优势。新疆的煤炭资源总量达 2.2 万亿 t,位居全国第一,占全国煤炭资源总量的比例接近 40%,其次为内蒙古,所占比例约 26%。

2014 年,国家能源局发文明确了:科学推进锡林郭勒盟(以下简称锡盟)、鄂尔多斯、晋北、晋中、晋东、陕北、宁东、哈密和准东 9 个千万千瓦等级现代化大型煤电外送基地建设。同时提出了以下能耗指标:基地燃煤电站应采用 60 万 kW 及以上超超临界机组,空冷机组设计供电标准煤耗不高于 302 g/(kW·h),湿冷机组设计供电标准煤耗不高于 285 g/(kW·h)。同时国家能源局规划建设的 12 条跨区送电通道中,包括国家电网公司 4 条特高压交流线路和 4 条特高压直流线路,分别是锡盟—山东、榆横—山东、淮南—南京—上海、蒙西—天津 4

条 1000 kV 特高压交流线路，以及内蒙古上海庙—山东、锡盟—江苏、宁东—浙江、山西—江苏 4 条±800 kV 特高压直流线路。

3.1.2　电站群节水要求

基地燃煤电站生产用水应节约利用地表水，鼓励采用再生水和矿井排水，严禁采用地下水，废水经处理达标后全部回用。缺水地区须采用空冷机组，设计耗水指标不高于 0.1 $m^3/(s \cdot GW)$，百万千瓦机组年耗水量不超过 $252 \times 10^4 m^3$。

3.1.3　我国未来发展燃煤火电机组特点

我国的能源布局向中西部煤炭基地发展，建设千万千瓦等级现代化大型煤电外送基地。而中西部地区水资源普遍匮乏，山西、内蒙古和陕西的水资源总量分别仅占全国水资源总量的 0.4%、1.6% 和 1.7%，新疆的水资源总量也仅占全国的 3.1%。此外，北方大部分地区水资源开发利用程度相当高，开发利用潜力非常有限。北方地区水资源缺乏已经成为制约经济社会可持续发展的重要因素。因此，开发节水技术、做好节水措施、降低单位发电量的耗水量是大规模建设坑口电站和保障火电厂高效运行的必要条件。

3.2　燃煤机组节水技术指标分析

根据节水技术本身的成熟程度、国产化程度以及适应性，在空冷电厂应用干除灰、干除渣、辅机空冷技术，使耗水指标降至 0.08 $m^3/(s \cdot GW)$。采用各种节水技术后火力发电厂耗水指标见表 3-1。

表 3-1   采用各种节水技术后耗水指标表

节水技术和措施	耗水指标 /[m³/(s · GW)]
主机空冷、湿法脱硫、电动给水泵或汽动给水泵排汽空冷；干式除灰、除渣；辅机冷却水湿冷	0.12
主机空冷、湿法脱硫、电动给水泵或汽动给水泵排汽空冷；干式除灰、除渣、真空清扫；辅机冷却水湿冷	0.10
主机空冷、湿法脱硫、电动给水泵或汽动给水泵排汽空冷；干式除灰、除渣、真空清扫；辅机冷却水空冷	0.08

3.3   燃煤发电机组深度节水技术开发

3.3.1   褐煤取水技术

我国有丰富的褐煤资源，已探明的褐煤资源储量达 1300 多亿 t，占全国煤炭储量的 13%。其中内蒙古储量最大，约占全国褐煤储量的 77%，矿点少，储量集中；云南其次，占全国褐煤储量的 12%，矿点多，储量少；黑龙江居第三；储量超过 10 亿 t 的还有辽宁和山东；河南、吉林、广西、河北、四川、广东等地也存在少量褐煤。2006 年 3 月，国家发展改革委正式批复了"大型煤炭基地建设规划"，在这一总体规划中，蒙东（东北）煤炭能源基地是国家 13 个大型亿吨级煤炭基地之一。据统计，截至 2007 年年底，内蒙古东部由呼盟的伊敏、大雁、扎赉诺尔，哲盟的霍林河，昭盟的元宝山和锡盟的胜利、巴彦宝力格、乌旗白音华 8 个煤田组成的褐煤基地，占全国煤炭总量的 10%，为全国褐煤总量的 76%，是我国褐煤资源最集中的地区。

褐煤是原煤中最年轻的煤种，挥发分一般在 40%～50%，全水分一般可达

20%～50%，空气干燥基水分为 10%～20%，低位发热量一般只有 7000～16730 kJ/kg。由于褐煤水分高、灰分高、热值低，而且矿源均在边远地区、离电负荷中心远，用于火力发电的褐煤量较少，目前全国已建和在建的燃用褐煤的大型火力发电厂的总装容量不超过 1500 万 kW，仅占全国火力发电总装机容量的 3%～5%，与我国褐煤总储量的百分比相比很不相称。因此，褐煤发电是我国今后发展火力发电的重点之一，对充分利用我国的劣质煤资源、缓解优质煤资源紧张局面、优化煤炭能源产业的结构具有重要的意义。

褐煤属软质煤，其特征是水分大，能量密度低，是煤化程度最低的一类煤，具有价格便宜、硫分低、可以大规模露天开采、发电成本低廉的特点，如直接参与燃烧，大量的水分在燃烧汽化的过程中吸收大量热量，使得锅炉效率大大降低。燃褐煤发电机组具有能耗高、厂用电率大、供电煤耗高、污染物排放量大等缺点。本书提出的"高效褐煤发电系统"是褐煤火电设计技术发展向前延伸的重要一步，是基于高水分褐煤预干燥提质及回收技术的火力发电系统，在电厂热力流程中增设采用汽轮机回热抽气的蒸汽褐煤干燥装置和干燥尾气热能废水回收系统，提高褐煤的能量密度和锅炉效率，减少汽轮机冷端损失，达到提高褐煤机组的整体效率、降低煤耗并减少污染物排放的目的。

"基于高水分褐煤预干燥提质及回收技术的火力发电系统"（专利号：ZL201010183848.4）实现了我国褐煤预干燥技术与火力发电技术的相结合，是一种高效、节能的褐煤发电系统，在降低煤耗的同时，煤中 70% 以上的水分得到回收，有效缓解了褐煤产地缺水问题，其"煤中取水"量可满足湿法脱硫用水量。

3.3.2　烟气水回收技术

火电厂的主要耗水用户包括开放式循环冷却水、闭式辅机循环冷却水、工艺用水和生活用水等方面。针对北方缺水地区，可采用空冷技术以大幅度降低火力发电机组的消耗水量，此外通过循环冷却水、工艺用水、生活污水的循环再利用也大大降低了燃煤机组的耗水量。在采取了以上节水技术或措施的基础上，火电机组的水量流失主要体现在石灰石－石膏湿法烟气脱硫系统中烟气携带走的水蒸气，这部分水蒸气量占湿法脱硫系统用水的80%以上。因此，烟气中的水蒸气回收成为北方缺水地区燃煤火电机组节水技术的新突破口。

国内不同参数、不同煤种条件下的典型燃煤电厂采用湿法烟气脱硫工艺耗水量调研情况表明，燃褐煤机组烟气脱硫工艺耗水量和总蒸发水量均比燃烟煤机组大。以一台600 MW机组为例，燃褐煤机组带GGH烟气脱硫工艺总耗水量约107.5 t/h、吸收塔总蒸发水量约92.8 t/h；而燃烟煤机组带GGH烟气脱硫工艺总耗水量约86.5 t/h、吸收塔总蒸发水量约72 t/h（煤种含硫量为0.7% ~ 0.75%）。

假设烟气中的水蒸气回收率分别达到30%、40%和50%，对内蒙古一台600 MW机组在BMCR工况下，可回收的水量进行计算，计算结果见表3-2。脱硫塔入口标准烟气量为2 590 000 m³/h，燃褐煤机组烟气中水蒸气含量按14%计算。通过可回收的水量计算并与湿法脱硫工艺用水量进行比较，可发现通过回收烟气中的水蒸气，所回收水量恰好可以抵消脱硫系统的工艺用水量。因此，烟气中水蒸气的回收潜力较大，足以满足和补充火力发电机组的部分电厂用水。

表3-2　1×600 MW机组理论上烟气中可回收的水量　　　　　　　　（单位：t/h）

可回收水量	烟气中水蒸气的回收率		
	30%	40%	50%
燃褐煤机组	87.4	116.6	145.7

冷凝回收技术的基本原理是通过热交换器冷却烟气，使烟气中的水蒸气冷凝形成液体水，从而释放烟气中水蒸气的汽化潜热，凝结水经疏水器收集获得

冷凝水。

在烟气脱硫之后布置水冷换热器,将高水蒸气含量烟气在水冷换热器中降温并达到预期的温度,以回收烟气中的显热与潜热,并捕集烟气中的水蒸气。烟气中水分回收的关键因素是含有大量不凝性气体的蒸汽凝结换热。

1. 燃煤电站烟气热能及水分回收技术研究

2010 年,中电投蒙东能源集团有限责任公司、上海交通大学与中国电力工程顾问集团公司共同合作开展了燃煤电站烟气热能及水分回收技术研究,通过实验室试验研究重点探讨了换热器的理论设计、热效率变化及水分回收效率。试验结论如下:

1) 对于 1000 MW 的锅炉,在高效除尘器之后,通过布置两级换热器,将排烟温度由 122℃ 降低至 55℃,用于加热凝汽器中凝结水与锅炉化学补充水至70℃,再将烟气由 55℃ 降温至 40℃,用于冷凝烟气中 40% 水蒸气（150.4 t/h）。

2) 实际回收的水量最大为烟气中水蒸气的理论凝结量,占烟气中水蒸气含量的 40%。通过对捕集的水进行处理,可以替代第二级换热器中使用的城市自来水,并且随着运行时间的持续,可以获得更多的水用于其他用途。

2. 燃煤电厂深度烟气水回收研究及中试装置试验

2012 年,华能北方电力公司与西安交通大学在华能上都电厂开展了深度烟气水回收方面的中试装置试验,并取得较好的节水效果。烟气中水回收在 40%以上。

该项技术在经过示范工程后,可将耗水指标降低至 $0.04\,\mathrm{m^3/(s \cdot GW)}$。

3.3.3　采用深度节水技术后燃煤机组主要耗水指标

采用深度节水技术后,燃煤火电机组主要耗水指标应达到表 3-3 的水平。

表 3-3　采用各种节水技术后耗水指标表

机 组 型 式	节水技术和措施	耗水指标 /[m³/(s·GW)]
燃褐煤火电机组	主机空冷、褐煤取水、电动给水泵或汽动给水泵排汽空冷;干式除灰、干式除渣、真空清扫;辅机冷却水空冷	0.04
燃烟煤火电机组	主机空冷、湿法脱硫后烟气水回收;电动给水泵或汽动给水泵排汽空冷;干式除灰、干式除渣、真空清扫;辅机冷却水空冷	0.04

3.4　燃煤火电机组深度节水技术发展战略

3.4.1　节水发展目标

2014 年,国家有关部门发文明确了科学推进锡盟、鄂尔多斯、晋北、晋中、晋东、陕北、宁东、哈密、准东 9 个千万千瓦等级现代化大型煤电外送基地建设,“十三五”期间燃煤火电机组规划的发展重点是中西部煤炭基地,建设千万千瓦等级现代化大型煤电外送基地。根据节水技术本身的成熟程度、国产化程度以及适应性,在燃煤空冷机组应用干除灰、干除渣、辅机空冷技术,以及通过示范项目和逐步推广燃褐煤火电机组褐煤取水技术和燃烟煤火电机组烟气水回收技术,使耗水指标从国家目前要求的 $0.1\,\mathrm{m^3/(s \cdot GW)}$ 降至 $0.04\,\mathrm{m^3/(s \cdot GW)}$ 以下,采用新型节水技术后燃煤火电机组可在目前基础上耗水量降低 60% 以上。

3.4.2　节水技术发展战略

空冷机组节水技术从"十三五"开始发展到 2030 年，各阶段完成的战略目标见表 3-4。从目前阶段开始计算的时间表和各阶段完成的战略目标见表 2-10。

表 3-4　节水技术发展阶段时间表

2016~2020 年	2021~2030 年
（1）干旱指数大于 1.5 的缺水地区采用空冷汽轮机组	（1）干旱指数大于 1.5 的缺水地区全采用空冷汽轮机组
（2）空冷机组的辅机冷却水系统积极推广间接空冷技术	（2）空冷机组的辅机冷却水系统全部采用间接空冷技术
（3）空冷机组全部采用干式除渣技术	（3）空冷机组全部采用干式除渣技术
（4）建设 600 MW 机组褐煤取水和烟气取水示范工程	（4）积极推广应用褐煤取水和烟气取水技术

中篇 燃煤工业锅炉、民用散煤及 CCS/CCUS 技术

第 4 章 分散式燃烧

随着经济快速增长以及人民生活水平的提高，人均能源消耗呈快速增长趋势，煤炭作为我国主体消费能源，长期以来在一次能源生产和消费结构中的比重一直保持在 70% 以上的高位，消费的煤炭中约 50% 用于发电，20% 用于工业锅炉、窑炉，22% 用于化工转化，8% 用于民用散烧。电站锅炉的特点是单台锅炉容量大，经过多年研发，电站锅炉的污染控制技术成熟，污染控制较易实现。工业锅炉量大面广，单台锅炉容量较小，安装污染控制系统的经济投入相对较高，目前真正安装、运行污染物减排系统的工业锅炉很少。这些小型工业锅炉和未经处理的分散式采暖用煤的小锅炉排放的烟尘、二氧化硫、氮氧化物成为雾霾的主要排放源之一，单位能耗的污染物排放水平远高于高效燃煤发电厂。如图 4-1 所示，工业锅炉的吨原煤 SO_2、NO_x、$PM_{2.5}$ 平均排放量分别是先进发电机组的 12.44 倍、5.24 倍、26.9 倍。

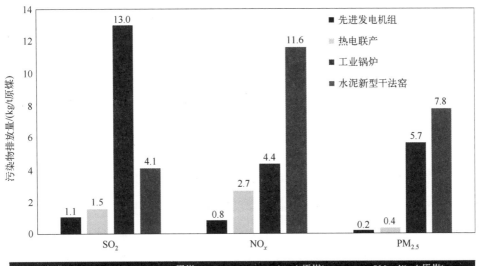

行业	SO₂/(kg/t原煤)	NOₓ/(kg/t原煤)	PM₂.₅/(kg/t原煤)
先进发电机组	(1.045)0.42~1.67	0.83	(0.21)0.17~0.25
热电联产	1.54	2.67	0.35
工业锅炉	(13)10~16	(4.35)3~5.7	(5.65)3.8~7.5
水泥新型干法窑	(4.09)0.76~7.42	(12.76)8.37~14.84	(7.77)3.89~11.64

图 4-1　工业锅炉和先进发电机组吨煤污染物排放对比

其次，散烧原煤的排放高度很低，通常在 3~20 m。排放位置主要在人群较为密集区域，使用量大，分布面广，排放浓度高，排放出的污染物受城市局地气象条件和高层建筑的影响不易扩散，其大气环境影响程度是电厂排放同等污染物影响的数倍甚至数十倍。个别农村地区，大量使用秸秆、薪柴、燃煤在室内煮饭、采暖，这种落后能源消费方式对室内空气的污染和人们身体健康的危害，远大于其对污染物排放总量的影响。因此，控制分散式采暖、小工业锅炉和农村落后用能方式对于能源技术革命、改善环境至关重要。

4.1 工业锅炉

4.1.1 工业锅炉现状

工业锅炉是重要的热能动力设备，广泛应用于工厂动力、建筑采暖、人民生活等各个方面，需求量很大。相当长的时间内，我国实行"以煤为主"的能源政策，工业锅炉的生产、使用一直以燃煤锅炉为主。工业锅炉是我国重要的用能装备，目前保有量约为 62 万台，其中 85% 为燃煤工业锅炉。燃煤工业锅炉每年耗煤量为 7 亿~8 亿 t，占全国煤炭消耗总量的 20% 左右，占全国一次能源消耗总量的 10% 以上；每年产生 SO_2 约 1000 万 t，NO_x 约 200 万 t，粉尘约 100 万 t，排放量仅次于燃煤发电，环境污染严重。

4.1.2 工业锅炉的主要问题

1. 整体装备技术水平低

我国工业锅炉制造企业众多、设计水平不一，难以形成规模化生产，多数缺乏研发创新能力，企业研发投入普遍不足，研发创新手段缺乏，缺少燃烧、传热等共性、关键技术及基础理论的研究和突破，这些都严重影响了行业经济效益和技术水平的提高。国家统计数据显示，我国锅炉制造企业数量基本在 1500 家左右，而近三年年产锅炉台数也就是 13 万台左右，平均每个锅炉企业年生产锅炉不到 100 台。工业锅炉配套能力远滞后于现代工业的装备和技术水平，有相当部分锅炉脱硫、除尘等烟气净化设备缺失或达不到污染排放要求，导致能源浪费严重和污染物排放问题突出。

2. 技术管理基础工作薄弱

一方面，行业的技术发展缺少规划、引导，原本就不足的行业技术资源进一步稀释，行业共性和关键技术未能组织有效的攻关和创新，国家节能减排急需的新产品得不到及时的开发，与电站锅炉相比，长期以来工业锅炉得不到重视，一度被边缘化；另一方面，相关标准制修订工作满足不了产品发展的需要，目前采用的锅炉强度计算标准是 2002 年版，工业锅炉热力、水动力、烟风阻力设计计算方法至今还没有形成正式标准，许多锅炉企业对工业锅炉不进行热力计算，而是凭经验或参照同类产品进行结构设计和受热面布置，缺乏系统的技术理论支持。另外，缺少科研的支持，与此相对应的是研究基础非常薄弱，手段落后，至今仍停留在 20 世纪 80 年代中期水平。绝大多数企业的产品是引进别人技术，做一些完善工作，能够独立进行产品开发设计、具有自主研发能力的企业只有几十家，不到取证企业总数的 10%。

3. 煤质与锅炉设计不相匹配，煤质不稳定

国内锅炉用煤品种多以散煤和原煤为主，这些煤种多变、质量不稳定。燃煤在热值、颗粒度、挥发分和灰分等多方面指标不能满足相关要求，就不能确保锅炉的出力效率。同时燃料特性和燃烧设施不匹配，就无法充分应用燃煤的热能，部分燃料不能完全燃烧造成能源浪费，既降低了锅炉热效率，也增加了锅炉的污染物排放。

4. 锅炉运行缺少专业化管理，自动控制水平低

一方面，大部分小锅炉运行单位中工作人员操作不熟练，许多工作人员没有经过培训就直接上岗，这在一定程度上给燃煤锅炉经济与安全运行造成隐患，同时在节能和环保上面重视程度不够，导致锅炉技术水平与运行水平不足，许

多锅炉都存在热损失大、排烟温度较高、冷凝水运用效率低下等问题；另一方面，许多锅炉缺少必要的仪器仪表配置，这也导致运行控制水平难以提高。另外，各个地方相关部门对于锅炉的高效运行与污染杂物的排放监管力度不足，由于监管体系不完善，使锅炉节能、环保管理工作存在一定的缺失。

4.1.3　工业锅炉发展方向

我国工业锅炉行业的发展方向是淘汰落后工业锅炉（窑炉），推广高效低排放锅炉，加大先进技术研发示范，在集中管理与分散管理共存、传统工业锅炉与新型环保工业锅炉共存的环境下，发展智能化、网络化管理，发展可再生能源锅炉及不可再生能源工业锅炉的高效利用技术。

1. 燃煤锅炉向大容量发展

循环流化床燃烧锅炉燃尽率高，氮氧化物排放低，硫氧化物可以采用技术经济合理的方法进行脱除，具有较好的环保和社会效益，适合燃用劣质煤。循环流化床燃烧锅炉的平均热效率可以稳定地达到82%~84%。燃油燃气锅炉供热是一种清洁的供热技术，但是，我国燃油和天然气供应一直面临着油价上涨和气源不稳定等问题。因此，未来城市能源中的燃油和天然气主要满足城市居民的生活需求，大容量集中供热锅炉燃用油品和天然气的可能性很小。随着燃烧设备大型化技术的发展，燃煤锅炉的容量仍然具有上升空间，大容量燃煤水管锅炉也会受到市场的进一步青睐。

2. 新能源技术和装备得到进一步发展

节能减排是我国经济和社会发展的一项长远战略方针，也是一项极为紧迫的任务。随着我国节能减排、可再生能源利用等政策的推行，可再生能源利用（生物质气化、垃圾焚烧等）装备与技术在工业锅炉上将会得到进一步的推广应用。

3. 余热余能利用技术和产品进一步发展

在工业生产中，使用着各种窑炉，如回转窑、加热炉、转炉、反射炉、沸腾焙烧炉等。这些窑炉都耗用大量的燃料，它们的热效率都很低，一般只有30%左右，而被高温烟气、高温炉渣、高温产品等带走的热量却达到40%～60%，其中可利用的余热在冶金方面约占燃料消耗量的1/3，机械、玻璃、造纸等方面占15%以上，工业生产过程中产生的余热可用余热锅炉来加以回收利用，降低企业能耗，并广泛应用于石油化工生产工艺过程和冶金、机械、造纸、建材等行业。回收余热降低能耗对我国实现节能减排、环保发展战略具有重要的现实意义。

4. 信息化技术的运用进一步加强

随着计算机信息化技术的发展，计算机技术在工业锅炉上的应用不仅仅停留在 CAD、CAM 上，而是从市场信息的收集、原材料的供应、生产资源和技术资源的管理、客户市场资源和企业财力资源的管理等，贯穿企业的整个运行过程。工业锅炉行业部分重点企业通过信息化技术的运用，做到企业科研、开发、信息资源的管理和共享，节省了大量的人力、物力和财力的浪费，通过采用现代管理科学，以信息技术为实现手段，对信息化建设进行有效的系统管理，真正实现管理的创新，提高企业参与市场竞争的能力。

煤粉工业锅炉适合当前的能源供应和消费标准，也适应未来的能源发展方向，可以在未来能源变革和向新能源体系过渡时期发挥重要作用。

4.1.4　工业锅炉发展目标及重点任务

发展目标：燃煤工业锅炉由于单体容量小、炉型多样以及分布面广，污染物控制成本高。国家污染物排放标准对 CO、NH$_3$、SO$_3$、VOCs、臭氧、痕量重金属和废水排放的控制趋向严格，降低燃煤污染物控制成本，以及降低二次污染将是未来经济社会发展对燃煤污染物控制的主要目标。

重点任务：研发燃煤工业锅炉低 NO$_x$ 燃烧技术、低成本污染物脱除技术及成套装备，实现燃煤工业锅炉低成本污染物超低排放技术工程应用。

4.1.5　主要技术

1. 新型高效低排燃煤工业锅炉

节能型低排放循环流化床工业锅炉（CFB），其燃烧技术具有氮氧化物原始排放浓度低，可实现在燃烧过程中直接脱硫，且具有燃料适应性广、燃烧效率高和负荷调节范围宽等优势，已成为我国煤炭洁净燃烧方向的重要炉型。我国具有完全自主知识产权的流态重构循环流化床工业锅炉技术，通过提高床质量、减少床存量、增加循环量等方式，极大降低了风机能耗并减少了粗床料对燃烧室的磨损，通过重整炉内氧化还原气氛，实现氮氧化物的超低排放与低钙硫比下的高炉内石灰石脱硫效率。不在尾部烟道安装烟气脱硫装置以及 SNCR 脱硝装置的情况下，SO$_2$、NO$_x$ 等污染物原始排放浓度能够控制在 50 mg/m^3 以下，实现循环流化床锅炉超低排放。循环流化床锅炉能够通过挖掘自身优良的环保性能，降低锅炉自身的原始排放，适应我国严格的环保要求。

2. 燃油、燃气锅炉

燃油或燃气工业锅炉，不仅可以提高锅炉热效率，而且可以显著减少污染物排放。但其受制于初期投资和日常运行成本，加之国家在推广节油替代政策，预计燃油锅炉的发展会受到抑制。但随着国家环保力度的加大，加之西气东输和利用国际天然气资源等工程的实施，大多数城市开始推广应用清洁能源，大量的燃气锅炉将替代原有的燃煤锅炉，燃气锅炉的市场前景广阔。

3. 电加热锅炉

电加热锅炉具有清洁、可靠等优点，电能是一种清洁的二次能源，由于电价较高，长期以来电加热锅炉在我国未能得到很好的发展。但随着经济的发展和电力建设的加快以及对环保要求的严格，特别是实行峰谷电分开计价后，电加热锅炉得到了较快的发展。电加热锅炉的市场将会扩大且产品仍以蓄热式电锅炉为主。

4. 垃圾焚烧锅炉

当前我国城市生活垃圾成分有了明显的变化，纸质、塑料、木质、纤维等可燃物和其他有机物大大增加，其质量已基本具备焚烧的条件，城市垃圾焚烧发电已成为可能，为发展垃圾焚烧锅炉创造了条件。采取垃圾焚烧使垃圾体积减小 90%，重量减小 70% 以上，用于回收热量产生蒸汽，效率约达 85%，转变成电能大约为 30%。所以垃圾焚烧技术在我国将成为极具发展潜力的新兴产业。借鉴国外先进技术，迅速研制国产垃圾焚烧锅炉，其市场前景非常广阔。

5. 水煤浆锅炉

水煤浆是一种由 35% 左右的水、65% 左右的煤以及 1%~2% 的添加剂混合制备而成的新型煤基流体洁净环保燃料。水煤浆既保留了煤的燃烧特性，又具备了类似重油的液态燃烧特性。水煤浆外观像油，流动性好，储存稳定，运输方便，燃烧效率高，污染排放低。国内燃用水煤浆实践证明：1.8~2.1t 水煤浆可替代 1t 燃油，因此水煤浆在量大面广的工业锅炉中替代油气燃料有很好的前景。另外，冷凝式锅炉、半煤气流动燃烧锅炉等工业锅炉在我国都有一定的发展空间，也应予以关注。

6. 解耦燃烧技术

解耦燃烧技术，主要通过优化煤炭的热解和燃烧过程，用煤炭自身产生的热解煤气和半焦抑制燃烧过程中 NO_x 的生成，在不降低锅炉效率的前提下降低 NO_x 的排放。层燃解耦燃烧技术具有传统层燃炉的优点，又弥补了其一些主要的不足。目前，解耦燃烧工业炉的运行调节还需优化，炉膛设计还需进一步探索，但其突出的低氮燃烧性能和对燃料很强的适应性，使得解耦燃烧工业炉具有较好的发展前景。

锅炉产业既不是"朝阳产业"，也不是"夕阳产业"，而是与人类共存的永恒产业，且在我国还是一个不断发展的产业。但目前我国工业锅炉行业和企业也面临着各种挑战和机遇。工业锅炉制造企业作为市场竞争的主体，应该对自身所处的外部环境和自己拥有的内部条件有清醒的认识，明确自己的市场定位，并从战略的高度加以管理，做到有所为和有所不为。必须坚持市场导向战略，紧紧依靠科技进步和科技创新，在国家能源和环保政策的引导下，调整企业结构和产品结构，抓住机遇，制造出适销对路并具有自己特色的高端产品以促进企业的发展并保持强劲的可持续发展态势，在激烈的市场竞争中占有一席之地。

4.2　居民生活散烧

4.2.1　居民能源消费现状

根据《中国统计年鉴 2019》人均生活能源消费量表中的相关数据，全国人均年用能量呈持续增长态势，从 2000 年的 132 kg 标准煤上涨到 2017 年的 415.6 kg 标准煤，增长了 215%；见表 4-1。

表 4-1　人均生活能源消费量

年份	人均能源消费总量/(kgce/a)[①]	煤炭/(kg/a)	电力/(kW·h/a)	液化石油气/(kg/a)	天然气/(m³/a)	煤气/(m³/a)
2000	132.0	67.0	115.0	6.8	2.6	10.0
2001	136.0	66.1	126.5	6.7	3.3	9.4
2002	146.0	65.7	138.3	7.6	3.6	9.8
2003	166.0	69.9	159.7	8.6	4.0	10.1
2004	191.0	75.4	184.0	10.4	5.2	10.7
2005	211.0	77.0	221.3	10.2	6.1	11.1
2006	230.0	76.6	255.6	11.5	7.8	12.7
2007	250.0	74.1	308.3	12.4	10.9	14.1
2008	254.0	69.1	331.9	11.0	12.8	13.9
2009	264.0	68.5	366.0	11.2	13.3	12.5
2010	273.0	68.5	383.1	10.5	17.0	12.5
2011	294.0	68.5	418.1	12.0	19.7	10.9
2012	313.0	69.0	460.4	12.1	21.3	10.2
2013	335.0	68.0	515.0	13.6	23.8	7.9
2014	346.1	67.8	526.0	15.9	25.1	7.1
2015	365.4	68.2	551.7	18.6	26.2	5.9
2016	393.2	68.8	610.8	21.4	27.5	4.6
2017	415.6	67.0	654.3	23.3	30.3	3.7

① kgce/a 是能源消费量单位，用标准煤表示，即千克标准煤/年。

各类资源在总能源消耗量中的比重也逐年变化，其中煤炭消费经过小幅增长后，已经回归到 2000 年的水平，这得益于城镇化和环保政策的实施；电力、液化石油气及天然气能源增长非常迅猛，增幅达到 5~10 倍。说明电力等清洁能源的比重正在逐年上升，由此进行推测，在未来的几年中，煤炭所占比重会继续下降，电力和燃气则会逐渐成为居民生活中的主导能源，而这种变化从侧面反映了我国居民生活中能源消费结构的逐渐转变和生活方式的改变，而煤炭消耗量的降低对于大气污染的减缓也有着一定的积极意义。与美日韩等发达国家相比，我国人均生活能源消费中电能比重仍然较低，煤炭所占比重过高。因此，提高居民电气化水平、降低居民散烧煤、提高电煤比重仍有较大空间。

4.2.2　居民煤炭消费情况

居民生活煤炭的利用主要集中在采暖和炊事两方面，根据《中国能源统计年鉴》数据显示，居民煤炭消费总计 12035 万 t。从表 4-2 数据可以看出，煤炭消费前几位主要省份是内蒙古、河北、山西、河南。

表 4-2　居民生活煤炭消费情况

地区	城镇/万 t	农村/万 t	总和/万 t	地区	城镇/万 t	农村/万 t	总和/万 t
北京	62.23	210	272.23	河南	265	873	1138
天津	8.02	59.58	67.6	湖北	245.79	237.03	482.82
河北	585.9	808.89	1394.79	湖南	109.66	413.47	523.13
山西	487.9	757.48	1245.38	广东	33.17	30.39	63.56
内蒙古	1217.3	517.64	1734.94	广西	28.12	8.66	36.78
辽宁	258.76	136.06	394.82	海南	0	0	0
吉林	117.85	44.88	162.73	重庆	1.88	192.21	194.09
黑龙江	278.68	125.06	403.74	四川	1.5	338.7	340.2
上海	33.3	7.89	41.19	贵州	221.45	655.77	877.22
江苏	2.03	12.02	14.05	云南	40.78	352.08	392.86
浙江	13	40	53	陕西	154.27	276.83	431.1
安徽	63.7	83.2	146.9	甘肃	106.9	408.8	515.7
福建	11.81	67.19	79	青海	17.49	90.12	107.61
江西	22	113	135	宁夏	8.05	58.18	66.23
山东	240.58	224.82	465.4	新疆	60	195	255
合计	4697.12	7337.95	12035.07				

根据全国居民煤炭消耗量及散烧煤的大气污染物排污系数，计算全国居民煤炭消耗的主要污染物排放量，计算结果见表 4-3。

表 4-3 居民生活燃煤产排污量估算结果

污染物	烟尘/万 t			二氧化硫/万 t			氮氧化物/万 t		
地区	城镇	农村	城乡总和	城镇	农村	城乡总和	城镇	农村	城乡总和
北京	0.984	0.506	1.490	0.223	0.333	0.556	0.106	0.164	0.270
天津	0.076	0.282	0.358	0.017	0.186	0.203	0.008	0.091	0.100
河北	2.081	0.941	3.022	0.548	0.667	1.215	0.259	0.329	0.588
山西	2.203	3.810	6.013	0.846	4.154	5.000	0.247	1.262	1.509
内蒙古	5.497	2.603	8.101	2.111	2.839	4.950	0.617	0.862	1.479
辽宁	3.049	1.389	4.438	0.508	0.231	0.739	0.269	0.122	0.391
吉林	3.284	0.402	3.686	0.547	0.212	0.759	0.290	0.117	0.406
黑龙江	0.537	0.1121	0.6493	0.894	0.590	1.485	0.474	0.325	0.799
陕西	2.169	2.091	4.260	1.078	2.844	3.921	0.262	0.720	0.982
山东	3.112	1.630	4.743	2.251	3.094	5.345	0.409	0.585	0.994
河南	1.901	4.977	6.878	1.355	6.565	7.920	0.451	2.270	2.720
甘肃	1.503	3.088	4.591	0.747	4.199	4.946	0.182	1.063	1.245
青海	0.246	0.681	0.927	0.122	0.926	1.048	0.030	0.234	0.264
宁夏	0.113	0.439	0.553	0.056	0.598	0.654	0.014	0.151	0.165
新疆	0.843	1.473	2.316	0.419	2.003	2.422	0.102	0.507	0.609
上海	0.239	0.045	0.284	0.170	0.059	0.230	0.057	0.021	0.077
江苏	0.015	0.069	0.083	0.010	0.090	0.101	0.003	0.031	0.035
浙江	0.093	0.228	0.321	0.066	0.301	0.367	0.022	0.104	0.126
安徽	0.457	0.474	0.931	0.326	0.626	0.951	0.108	0.216	0.325
福建	0.085	0.383	0.468	0.060	0.505	0.566	0.020	0.175	0.195
江西	0.158	0.644	0.802	0.112	0.850	0.962	0.037	0.294	0.331
湖北	1.763	1.351	3.115	1.257	1.782	3.039	0.418	0.616	1.034
湖南	0.787	2.357	3.144	0.561	3.109	3.670	0.186	1.075	1.261
广东	0.466	0.230	0.696	0.232	0.312	0.544	0.056	0.079	0.135
广西	0.395	0.065	0.461	0.196	0.089	0.285	0.048	0.023	0.070
海南	0.000	0.000	0.000	0.000	0.000	0.000	0.000	0.000	0.000
重庆	0.026	1.452	1.478	0.013	1.974	1.988	0.003	0.500	0.503
四川	0.021	2.558	2.580	0.010	3.479	3.490	0.003	0.881	0.883
贵州	3.113	4.953	8.066	1.547	6.736	8.283	0.376	1.705	2.081
云南	0.573	2.660	3.233	0.285	3.617	3.901	0.069	0.915	0.985
合计	35.79	41.894	77.687	16.567	52.970	69.539	5.126	15.436	20.562

由表4-3可见，全国居民生活燃煤产生的烟尘、二氧化硫和氮氧化物的排放总量分别为 77.687 万 t、69.539 万 t、20.562 万 t。

4.2.3　居民生活燃煤排污对环境影响分析

居民生活能源消耗对环境影响较大的来源主要是煤炭燃烧、机动车污染和生物质燃烧。尤其是冬季，居民燃煤采暖是大气污染物的主要来源，燃煤贡献中居民生活所占部分主要来源于城镇居民冬季市政统一供暖以及农村居民自采暖，尽管居民燃煤数量不大，但对环境污染的贡献率相对较大。研究表明，燃烧同样煤炭排放同样数量二氧化硫的情况下，散烧原煤排放的污染物未经处理且为无组织低矮排放源，其环境影响要比电厂高烟囱排放高 60 倍，为我国北方冬天采暖期大气污染严重的主要原因。

4.2.4　减少和控制居民散烧煤污染主要手段

1. 推广民用洁净型煤及配套技术

民用散煤多为高硫、高灰、低热值的劣质煤炭，直接燃烧，低空排放，对空气环境质量危害极大。推广洁净型煤和兰炭的使用是散煤治理方面的有效做法。洁净型煤是以低硫、低灰、高热值的优质无烟煤为主要原料，加入固硫、黏合、助燃等有机添加剂加工而成的煤制品，具有清洁环保、燃烧高效、使用简单等特点。兰炭又称为半焦，是无黏性或弱黏性的高挥发分烟煤在中低温条件下干馏热解得到的较低挥发分固体炭质产品，具有低灰、低硫、低磷、低铝、高固定炭比、高活化性和高比电阻率的特性，直燃直排情况下即可达标排放。

在推进民用洁净型煤生产和利用的同时，应加强型煤固硫剂技术、引火型煤技术等配套技术的研发。型煤固硫剂技术通过添加固硫剂能够减少型煤燃烧过程中硫氧化物的排放，引火型煤技术能够提高居民对炉具操作的便利性，并减少秸秆和木材的使用量和燃烧污染。

根据洁净型煤的燃烧特性，加大对型煤配套炉具的研发。由于洁净型煤的尺寸规格相同、在炉内透气性好，其燃烧特性与无烟煤块煤和烟煤块煤略有不同，在现有无烟煤炉具技术的基础上，有必要开发型煤配套专用炉具。同时，实行节能环保型煤采暖炉具产品认证，加强炉具生产市场监管，扩大节能环保型煤采暖炉具的推广和应用。

2. 提高居民电气化水平

电采暖是一种将电能转化成热能直接放热或通过热媒介质在采暖管道中循环来满足供暖需求的采暖方式或设备，电采暖分类如图 4-2 所示。

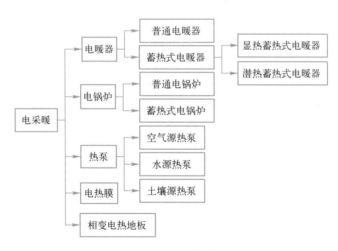

图 4-2　电采暖的分类

电暖器：一般设置在用户房间内，属于分散式电采暖，主要形式有电热微晶玻璃辐射取暖器、电热石英管取暖器、电热油汀、PTC 陶瓷电取暖器、对流式取暖器（暖风机）等普通电暖器和具有蓄热功能的相变蓄热电暖器等。国内电采暖推出初期被大量使用，使用结果表明，其运行费用偏高，关键是它不能充分利用夜间的廉价电，且进一步加大电网的峰谷差。而蓄热式电采暖可采用低谷电蓄热，具有削峰填谷、缩小电力供应峰谷差、优化电网结构的作用，值得进一步推广。

电锅炉：属于集中式电采暖，其产生的热媒介质（热水或蒸汽）由集中供热管道输送到每个房间，多用于一幢楼宇或建筑密集的居民、商业小区供热。电锅炉有普通和蓄热两种。普通电锅炉不带蓄热功能，逐渐被蓄热式电锅炉所替代。蓄热式电锅炉采用低谷电蓄热，可削峰填谷，缩小电力供应峰谷差，优化电网结构，得到电力部门推荐，用户可享受低谷电价；但一次投资较高。电锅炉采暖由于供热管网有热损失、末端用户调节困难，其总体能源利用率较低。

电热膜：属于分散式电采暖，是一种通电后能发热的半透明聚酯薄膜，由可导电的特制油墨、金属载流条经印刷、热压在两层绝缘聚酯薄膜间制成的，并配以独立的温控装置，其工作时表面温度为 $40 \sim 60℃$。电热膜采暖时大部分热量以辐射方式送入房间。单独的电热膜采暖不具有蓄热功能，运行费用偏高。

相变电热地板：全称为相变蓄热电热地板，它是一种新颖的采暖方式，但还处于研究中。利用定形相变材料把电热膜或电缆所消耗的夜间廉价电转变为热能储存起来，供白天采暖。其可以节省采暖运行费用，实现削峰填谷。

热泵：热泵是利用少量的电能把热量从低位热源输送到高位热源以满足采暖需要的装置。根据低位热源种类区分，热泵可分为空气源热泵、水源热泵和土壤源热泵等。

3. 发展城市燃气

燃气正逐步成为我国城市的主要能源之一。燃气资源具有利用率高、废弃物少等优点，还会进一步发展壮大。今后重点是发展和研究城市高压环状管网、球罐、地下储气库、液化天然气（LNG）等储气方式；运用调峰手段的技术进行经济性分析，根据不同的城市燃气输配情况，进行不同的科技研究，采用合理组合的储气方案；按照统筹规划两种资源、分步实施、远近结合、保障安全、适度超前的原则，加快天然气管网建设；建立市场化的价格形成机制，取代政府定价，使天然气价格能够有效地反映供求关系、资源稀缺性以及与替代能源之间的竞争关系。

在我国天然气市场尚不具备完全市场化的条件下，实行阶梯价格可以在一定程度上模拟市场价格对供求的调节作用，有助于利用价格手段引导全国百姓节约使用资源，促进社会可持续发展，同时也为全面深化改革打开了战略突破口。

4. 制定散烧能源控制机制，严控煤炭的分散燃用

在《中华人民共和国大气污染防治法》中要求：大气污染防治重点城市人民政府可以在本辖区内划定禁止销售、使用国务院环境保护行政主管部门规定的高污染燃料的区域。该区域内的单位和个人应当在当地人民政府规定的期限内停止燃用高污染燃料，改用燃气、电或者其他清洁能源。但是对居民散烧煤炭的监管力度不够，可以采用经济手段，增加散烧成本，制定煤炭消费税征收及退免机制，在生产环节增加监管，跟踪销售环节直到消费端，煤炭燃用污染物达标排放，则全额退还税费。污染严重地区划定控制区，对于在控制区内燃用煤炭等高污染能源的行为给予严肃处理，通过上述措施可有效控制小型工业锅炉及散烧总量。

5. 推广节能建筑

我国的节能建筑始于 20 世纪 80 年代中期，由于诸多因素的制约，目前我国节能建筑的发展还处于初级阶段。一方面是节能建筑面积比例低，我国每年新建房屋近 25 亿 m^2，85% 以上的建筑属于高耗能的建筑。另一方面是我国的节能技术水平还比较低，目前为止，我国普通建筑单位建筑面积能耗是发达国家的 3 倍以上；节能 50%的建筑，其能耗是发达国家的 1.5 倍。

新建住宅必须采用节能设计；旧房屋增加保暖设施；节能建筑是实现节能减排的重点。以北京为例，北京市电采暖设计供热负荷指标为 200 W/m²，北京市楼宇采暖设计供热负荷指标经验数据为 80 W/m²，节能建筑标准为 55~70 W/m²，而新型节能建筑所需负荷指标可以降到 20 W/m²。如果供热负荷指标设定在节能建筑标准 70 W/m²，那么一个供暖季在 0.4883 元/(kW·h) 电价的基础上，所支付的费用略低于集中供暖费用。

第 5 章　燃煤电厂 CO_2 捕集、利用和封存技术

近年来随着碳排放的约束，欧美日等地区或国家煤炭利用技术发展发生了重大转变。欧洲主要国家相继提出了煤炭退出计划，美国、日本、韩国煤炭利用发展也受到了碳约束带来的巨大阻力。美国近期提出的"Coal First"计划旨在通过推动小容量机组技术实现煤电的高灵活性、高效率以及 CO_2 近零排放等，日本、韩国正在发展整体煤气化联合循环（IGCC）发电和煤气化燃料电池（IGFC）发电以及新型的循环发电技术，均聚焦于低碳，并兼顾安全、高效和智能。

5.1　燃煤电站 CO_2 捕集技术

CO_2 的捕集和封存技术适合大规模、集中 CO_2 排放源，如燃煤电厂、钢铁厂和化工厂。当前常用的减排技术可分成三大类：燃后捕集（Post-combustion Capture）、富氧燃烧捕集（Oxy-fuel Capture）和燃前捕集（Pre-combustion Capture），三种主流 CO_2 减排技术如图 5-1 所示。

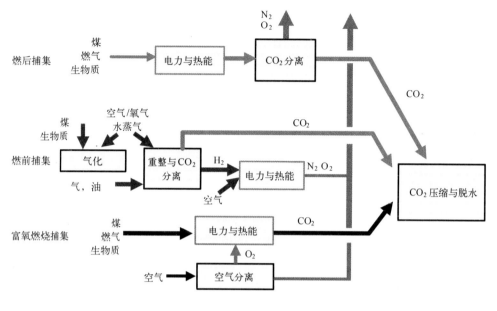

图 5-1 三种主流 CO_2 减排技术

5.1.1 燃后捕集

燃后捕集就是从燃烧生成的烟气中分离 CO_2。燃后捕集是一种很好的方式，因为它不影响上游燃烧工艺过程，并且不受烟气中 CO_2 浓度影响，适合所有的燃烧过程。图 5-2 是一个典型的燃煤电站燃后捕集 CO_2 系统图。

燃后捕集技术分为化学吸收法、物理吸附/解附、膜分离和低温分馏等方法。化学吸收法是采用化学吸收剂和烟气中 CO_2 在吸收塔发生化学反应，将 CO_2 从烟气中分离下来，反应后的溶液到再生器中加热，CO_2 将从溶液中蒸馏出来，再生后的吸收剂再回到吸收塔循环，常用的醇胺吸收法如图 5-3 所示。

物理吸附/解附是利用固体吸附剂（如分子筛、活性炭等）先将烟气中的 CO_2 吸附在吸附剂上，然后再将 CO_2 从吸附剂中解附出来。物理吸附工艺有变压吸附（PSA）、变温吸附（TSA）等，最常用的是 PSA 工艺。

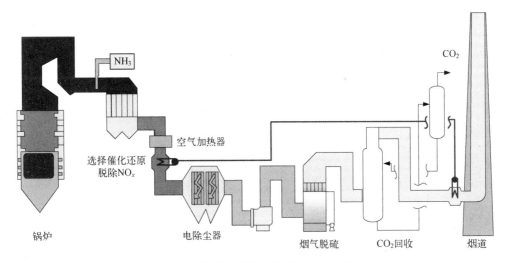

图 5-2　燃煤电站燃后捕集 CO_2 系统图

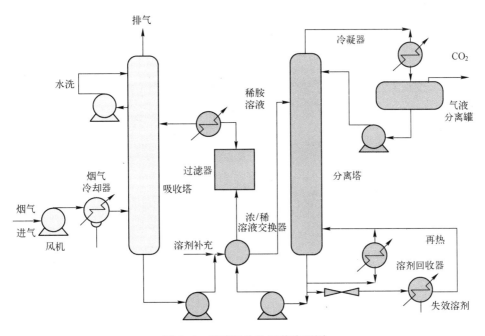

图 5-3　醇胺吸收法工艺流程图

膜分离是利用一种对 CO_2 有选择性的膜，仅让 CO_2 通过来达到将 CO_2 分离的目的。常见的膜材料有聚合物、金属和陶瓷。低温分馏是通过一系列的压缩、冷却和膨胀过程，利用气体的沸点差异，将 CO_2 从其他气体中分离出来。显然，这种分离方法的能耗很高。

国外的化学吸收法商业应用开始较早，已经有较多的基于燃煤电厂烟气 CO_2 捕集和天然气脱碳的项目在运行。在该方面开展研究的公司主要有 Powerspan、Alstom、MHI、Total 等。其中，Alstom 开发的 Chilled Ammonia 技术是一种基于氨水吸收的冷氨技术，而 Powerspan 的 ECO-ECO$_2$ 技术则是基于氨水吸收液和电催化氧化技术的 CO_2 等多污染物控制技术，MHI 的 KM-CDR 工艺所使用的 KS-1（TM）溶液，其主要成分也是乙醇胺（MEA）。

国内对化学吸收法的主要工业推广单位有华能集团绿色煤电有限公司和南化集团研究院等，一般采用传统的 MEA 法。华能集团绿色煤电有限公司于 2007 年 12 月在华能北京热电厂建成了我国第一个燃煤电厂燃后 CO_2 捕集示范项目。该项目设计 CO_2 回收率大于 85%，年回收 CO_2 能力为 3000 t，分离提纯后的 CO_2 浓度达到 99.5% 以上，可用于食品行业。目前，正在建设的有国家能源集团 15 万 t/a 燃后 CO_2 捕集和封存全流程示范项目、千吨级 CO_2 化学吸附捕集工业验证装置、华润海丰电厂碳捕集测试平台等，开展化学吸收法、吸附脱除、膜法分离等多种技术验证装置和示范工程的建设。

5.1.2　富氧燃烧捕集

富氧燃烧是用高纯度的氧代替空气作为主要的氧化剂燃烧化石燃料的过程。这种燃烧方式对新建和改造的电站都能较好适应，它是在保留原来的发电站结构基础上，把深冷空气分离过程与传统燃烧过程结合起来。烟气中 CO_2 浓度可达 80% 或更高，再经过提纯过程可以达到 95% 以上，从而满足大规模管道输送以及封存的需要。提纯技术可以同时大量减少 SO_2 和 NO_x 的排放，从而实现协同脱除空气污染物的目的。

图 5-4 是典型的富氧燃烧技术系统示意图。由空气分离装置（ASU）制取

的高纯度氧气（O$_2$纯度在 95% 以上），按一定的比例与循环回来的部分锅炉尾部烟气混合。一部分混合气体作为煤粉输送介质与燃料一起被送入炉膛，而剩余的作为氧化剂进入炉膛完成与传统空气燃烧相似的燃烧过程。循环的烟气是用来保持炉膛较高的温度、合理的锅炉辐射和对流传热。锅炉中的烟气包含高浓度的 CO_2，把非温室气体污染物去除后再送入气体净化装置来得到高浓度的 CO_2 气体，以便于输送和后续的利用或者存储。

富氧燃烧技术在世界范围内已成为研究和发展的主题，涵盖系统设计、锅炉性能和燃烧的计算方法、污染控制、操作灵活性、监控和优化。R&D 工作已从基础研究发展到实验室尺度试验，进一步到工业小规模项目阶段。瑞典瀑布电力公司 2008 年在德国黑泵建成了世界上第一套全流程的 30 MW$_{th}$ 富氧燃烧试验装置。澳大利亚 CSEnergy 公司 2011 年在 Calide 建成了目前世界上第一套也是容量最大的 30 MW$_e$ 富氧燃烧发电示范电厂。西班牙 CIUDEN 技术发展中心建成了一座 20 MW$_{th}$ 煤粉富氧燃烧锅炉和世界上第一套 30 MW 富氧流化床试验装置。

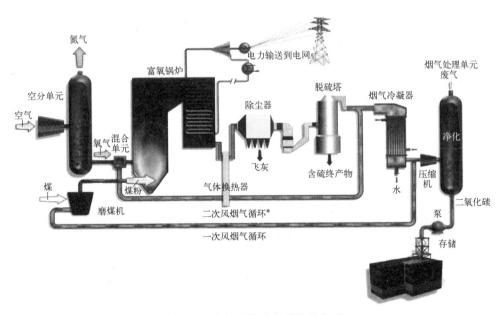

图 5-4　富氧燃烧技术系统示意图

　　国内，武汉的华中科技大学建成了国内首个 $3MW_{th}$ 综合富氧燃烧测试平台，每年可以捕集 CO_2 达 7000 t。东南大学注重循环流化床（CFB）富氧燃烧技术，已与美国 Babcox & Wilcox 公司合作建成一套 $2.5MW_{th}$ 富氧燃烧循环流化床（CFB）的实验系统。

　　尽管美国、英国政府现在开始实施此类项目，但到目前为止，还没有大规模全流程的富氧燃烧碳捕集和封存（Carbon Capture and Storage，CCS）示范电站建立。美国能源部于 2010 年 8 月宣布在重组"未来发电"2.0 项目下开始富氧燃烧示范项目，以公私合作伙伴形式提供总预算为 16.5 亿美元的资金。该项目包括改造位于伊利诺伊州 Meredosia 的一个 $200MW_e$ 燃煤电站，使用全套 CCS 富氧燃烧技术。目标是每年捕集 CO_2 量超过 1 Mt，超过电站 CO_2 排放量的 90%，以及减少其他排放物到较低水平。CO_2 被输送和封存在地下碱水层。在英国，Capture Power（阿尔斯通电力、德拉克斯电力、英国氧气公司组成的一个集团）和国家电网已实施 White Rose CCS 项目，将要建成一套最先进的使用 CCS 技术的 $426MW_e$（总）洁净煤电站，年捕集 CO_2 量达 2 Mt。规划的 CO_2 输送和封存的基础设施将把电站连接到位于北海的离岸咸水层，它有能力封存该项目以及该地区其他可能的 CCS 项目的 CO_2。

　　国内企业也在积极准备开展基于富氧燃烧技术的大型碳捕集示范项目，神华集团于 2011 年启动了"基于富氧燃烧的百万吨级碳捕集燃煤电厂技术研发及系统集成"研究项目，旨在开展百万吨级富氧燃烧碳捕集燃煤电厂基础理论研究，对锅炉、燃烧器、压缩纯化等关键技术和装备进行研发，对系统集成及设计技术进行研究，为自主设计、建造和运营百万吨级富氧燃烧示范项目提供相应的设计技术保障。

　　目前来看，制约富氧燃烧技术发展的最大瓶颈在于制氧设备投资和成本太高，大约 15% 的电厂发电量被消耗在这上面。近期出现的一些新的制氧技术，如变压吸附、膜分离等技术，可望大幅度地降低制氧成本，但这些新技术尚未成熟，没有大规模的商业应用。

5.1.3 燃前捕集

燃前捕集也称燃前脱碳，即在燃料燃烧前将燃料中的碳脱除。石油、天然气等碳氢燃料与煤燃烧前脱碳的方式有很大的区别。

燃前捕集技术主要是指燃料燃烧前，将碳从燃料中分离出去，参与燃烧的燃料主要是 H_2，从而使燃料在燃烧过程中不产生 CO_2。该技术应用的典型案例是整体煤气化联合循环（IGCC）系统。如图 5-5 所示，固态燃料（煤、石油焦等）首先进入气化炉气化，产生粗煤气，经除尘、脱硫等净化工艺后与水发生重整反应，使绝大部分煤气转化为 H_2 和 CO_2，重整后的煤气中 CO_2 浓度较高，可采用低温精馏等技术进行分离，分离 CO_2 后的气体主要是 H_2，用于发电等。该技术主要优点是 CO_2 浓度较高、捕集系统小、能耗低，主要缺点是系统较为复杂。

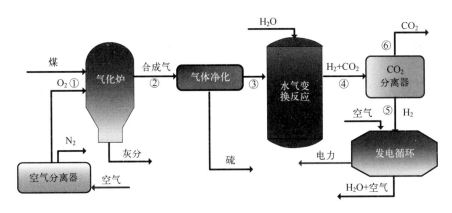

图 5-5 基于燃煤 IGCC 的脱碳系统流程图

自 20 世纪 80 年代中期开始运行第一台整体煤气化联合循环电站以来，现在全世界已建、在建和拟建的 IGCC 电站近 30 套，最大的为美国 440 MW 机组，计划或科研中容量最大的为德国的 900 MW 和苏联的 1000 MW 机组。

截至 2018 年 9 月 23 日，华能天津 IGCC 整套装置连续运行 3918 h，打破由日本勿来电站保持的连续运行 3917 h 的世界纪录，并继续处于稳定运行状态，成为全世界连续运行时间最长的 IGCC 机组，这标志着我国煤炭资源绿色开发和清洁低碳高效利用技术处于世界领先水平。

5.1.4　技术经济性分析

燃后捕集、燃前捕集和富氧燃烧捕集三种技术的适用范围、优势、劣势、捕集成本、技术成熟度比较情况见表 5-1。

表 5-1　CO_2 捕集技术比较

捕集技术	适用电厂	优　势	劣　势	成本 /(美元/t)	技术成熟度	
					国际	国内
燃后	PC电厂	和现有电厂匹配性较好，无需对发电系统本身做过多改造，适合老式电厂的改造	烟气中 CO_2 浓度低，捕集能耗较大，发电效率损失较大，改造投资费用较高	29~51	特定条件可行	小规模示范
燃前	IGCC电厂	CO_2 压力和浓度高，捕集系统小，能耗低；同时在污染物控制方面有优势	只能同 IGCC 电厂匹配，而 IGCC 电厂系统复杂，投资高，燃机等关键技术国内还未完全掌握	13~37	特定条件可行	研究
富氧燃烧	PC电厂	可用于传统电厂的改造，产生的 CO_2 浓度较高，容易进行分离和压缩	制氧设备投资和运行成本较高。烟气需经过冷凝后循环回锅炉，热损失大	21~50	示范	研究

注：数据来源于政府间气候变化专门委员会（IPCC）报告。

CO_2 减排技术选择与诸多因素相关，因此要准确地对其经济性进行预测是非常困难的。表 5-1 比较了这三种技术的经济性。这三种技术中，燃后化学吸收法和燃前脱碳技术相对成熟，大多数研究结果表明，采用 IGCC 技术的减排成本要比 MEA 法低，对于新建电厂，IGCC 脱碳成本增加 20%~55%，而 MEA 法将增加 42%~66%，但燃煤 IGCC 电站投资费用要比传统燃煤电站要高一些。富氧燃烧技术经济性的预测数据不确定性要高些，因为其主要关键技术还没有商业化，不同的研究结果差别很大，表中的数据显示它的发电成本（COE）要低于 MEA 法但高于 IGCC。对于改造电站，由于电站主要是亚临界机组，装机容量小，发电效率低，因此 COE 和减排成本比新建要高许多，未来的减排技术将主要应用到新建电站。

目前减排技术在能耗方面尚待优化，对这三种技术的改进研究一直都在进行。燃后捕集方面，主要潜力在于降低吸收剂再生过程的能耗，这方面的能耗是整个工艺中最大的，通过吸收剂的选择、再生工艺的改进、热交换器的优化等方面可以降低能量消耗。另一方面是通过开发出新的吸收剂，避免吸收剂的成本，提高吸收效率和降低再生能耗，降低吸收剂自身因为反应降解而失去反应能力。有研究数据显示，如果在这些方面有突破，COE 可在现在的基础上下降 18%~36%，减排成本也将有较大幅度的下降。基于煤气化的燃前脱碳技术在减排 CO_2 工艺上最易实现，成本也是三种技术中最低的，如果能在燃气轮机、气化炉设计、制氧技术和整个联合循环系统集成和优化四个方面得到改进，减排成本可以在现有的水平上下降 20% 以上，但目前最重要的是解决煤基 IGCC 电站系统可靠性问题，降低投资费用，使该技术更具竞争力。富氧燃烧技术的前途主要取决于大规模和低成本制氧技术的发展，因为只有制氧投资和运行成本的降低，才能具备竞争力。其他的一些减排技术，如化学链燃烧技术，从理论上减排过程没有能量损失，因此减排成本最低，但目前其许多技术正处于研究阶段，距商业化尚远，但一旦突破，将具有很好的前景。

5.1.5　碳捕集技术开发路线图

就我国 CO_2 捕集技术成熟度看，燃前捕集和富氧燃烧在一定的政策支持下可以进行示范，目前的主要问题是降低能耗和成本；燃后捕集技术已经进行示范，其经济性、稳定性还有待进一步提高。本书结合我国 CO_2 捕集技术发展情况及 CO_2 减排和利用需求，制定了 2030 年、2050 年发展目标及相对应的技术开发路线图，如图 5-6 所示。

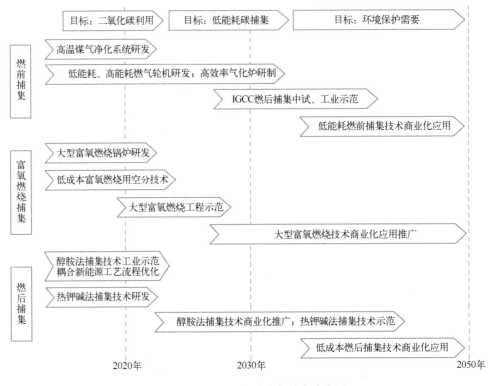

图 5-6 我国中长期碳捕集技术路线图

燃后捕集技术：该技术国内外应用比较成熟，但主要应用于水泥窑炉、冶炼炉，应用于商业规模电厂的燃后捕集技术仅仅处于示范阶段。2020～2030 年实现醇胺法捕集技术商业化推广，进行热钾碱法捕集技术示范。2031～2050 年形成低成本燃后捕集技术体系并商业化应用。

燃前捕集技术：以整体煤气化联合循环（IGCC）电厂建设为技术，2020～2030 年通过新技术研发和耦合新能源工艺流程的优化，形成低成本、低能耗、高性能燃前捕集技术，并进行工业示范，2030 年以后达到成熟应用，工业推广，商业化运营。

富氧燃烧捕集技术：重点开展低能耗、低成本氧气提纯技术，降低大型空分工艺能耗；研发高温耐热材料及燃烧锅炉设备，降低空气污染。2020～2030年积极开展大型富氧燃烧捕集技术示范，进一步评价技术的可行性和经济性；2030 年后实现超超临界富氧燃烧技术规模化应用。

5.2　CO_2 运输技术

5.2.1　罐车输运

采用罐车运输 CO_2 的技术目前已经成熟，而且我国也具备了制造该类罐车和相关附属设备的能力。罐车分为公路罐车和铁路罐车两种，从本质上来说，两者的区别不大，但又有各自的适用范围。

采用公路罐车运输 CO_2 时，首先需要将 CO_2 液化。通常情况下公路罐车运输 CO_2 的压力和温度应分别保持在 1.7 MPa 和−30℃。罐车的容量为 2～30 t 不等。在运输过程中，受气密性等条件的影响，CO_2 不可避免地产生泄漏，依据不同的运输时间以及运输距离，其泄漏最高可以达到 10%。依据目前的运输经验，一个容量为 15 t 的 CO_2 罐车，运输费约为 1.2 元/（t·km）。

公路罐车运输具有灵活、适应性强和方便可靠等优点，但运量小、连续性差，而且运费高等，对于需要连续运输大量 CO_2 的 CCS 等工业系统来说，并不适合。

铁路罐车可以长距离输运大量 CO_2，其输运压力约为 2.6 MPa。在此压力下，一节罐车的 CO_2 载重量可达 60 t。铁路罐车的大容量似乎可以弥补公路罐车容量小的不足，但通过铁路罐车运输 CO_2 同样具有不连续性而且存在局限性。铁路输运除了需要考虑当前铁路的现实条件外，还需要考虑在铁路沿线配备 CO_2 装载、卸载以及临时储存的相关设施。如果现有铁路不能满足运输的需求，必要时还需要铺设专门的铁路，这样势必会大大提高 CO_2 的输运成本，到目前为止世界范围内还没有通过铁路来输送 CO_2 的先例。

5.2.2 船舶运输

从世界范围看，CO_2 的船舶运输还处于起步阶段，目前世界上只有几艘小型的轮船投入运行，用于食品加工领域。但是必须注意到，当 CO_2 的封存点在海上或者用于海上油田的强化采油时，船舶运输就成为一种行之有效的运输方式。当海上运输距离超过 1000 km 时，船舶运输被认为是最为经济合理的 CO_2 运输方式，运输成本将会降到 0.1 元/（t·km）以下。

目前还没有大型的适合运输 CO_2 的船舶，但是在油气工业中，液化石油气（LPG）和液化天然气（LNG）的船舶运输已经商业化，未来可以考虑利用已有的液化石油气油轮来进行 CO_2 的运输。

现有的 LPG 轮船根据温度和压力参数可分为三种：高压型、低温型和半冷冻型。高压型油气轮的温度基本与外界持平，依靠高压来使油气液化；低温型油气轮的压力基本上与外界持平，主要依靠低温来使油气液化；半冷冻型则介于两者之间，通过压力和温度共同作用来使油气液化。对于 CO_2 来说，半冷冻 CO_2 固化成干冰，也不至于由于压力不够，导致 CO_2 的气化，目前投入运营的几艘 CO_2 运输油气轮都属于该种类型。

5.2.3 管道运输

通过管道运输 CO_2 是一个系统工程，牵涉到诸如地质条件、地理位置、公众安全等问题。由于管道运输具有连续、稳定、经济、环保等多方面优点，而且技术成熟，对于 CCS 这样需要长距离运输大量 CO_2 的系统来说，管道运输被认为是最经济的陆地运输方式。

目前，国际上现有的 CCS 系统也都把管道运输作为首选，世界上正在运行的部分 CO_2 运输管道见表 5-2。

表 5-2　世界上正在运行的部分 CO_2 运输管道

管道	地点	容量/(Mt/y)	长度/km	投运年份	CO_2 来源
Cortez	美国	19.3	808	1984	天然气田
Sheep Mountain	美国	9.5	660	—	天然气田
Bravo	美国	7.3	350	1984	天然气田
Canyon Reef Carriers	美国	5.2	225	1972	气化厂
Val Verde	美国	2.5	130	1998	炼油厂
Bati Raman	土耳其	1.1	90	1983	天然气田
Weyburn	美国/加拿大	5.0	328	2000	气化厂
总计	—	49.9	2591	—	—

到目前为止，还没有用于 CO_2 运输的海上管道。这是由于海上管道的建设难度相对较大，建设成本相对较高，但是必须说明的一点是，当需要运输的海上距离不足 1000 km 时，海上管道运输的成本仍然低于船舶运输。

5.2.4　技术发展目标

通过管道运输 CO_2 是 CCS 系统的首选，但是这并不意味着对于 CCS 系统来说，其他运输方式没有可行性。待 CCS 系统发展到一定程度后，其余几种运输方式可以作为管道运输的补充，从而使 CO_2 的运输更加高效完善。

到 2030 年，全面掌握产业化技术能力，输送管道长达 1000 km 以上，成本控制在 70 元/t，年输送能力超过 1000 万 t。到 2050 年，全面推广实施应用 CO_2 输送技术，建设超过 5000 km 的 CO_2 输送管道，成本控制在 70 元/t 以下，年输送能力超过 5000 万 t。

5.3　CO_2利用技术

5.3.1　CO_2地质利用

CO_2地质利用是指将CO_2注入地下，利用地下矿物或地质条件生产或强化有利用价值的产品，且相对于传统工艺可减少CO_2排放的过程。目前，CO_2地质利用主要包括CO_2强化石油开采、CO_2驱替煤层气、CO_2强化天然气开采、CO_2增强页岩气开采、CO_2增强地热系统、CO_2铀矿浸出增采及CO_2强化深部咸水。

1. CO_2强化石油开采技术

CO_2强化石油开采（简称强化采油，Carbon Dioxide Enhanced Oil Recovery，CO_2-EOR）技术是指将CO_2注入油藏，利用其与石油的物理化学作用，以实现增产石油并封存CO_2的工业过程。

我国强化采油的CO_2封存容量可达 20.0 亿~191.8 亿 t，原油增产容量可达 7 亿~15 亿 t。根据陆域及海域探明石油地质储量数据，初步测算的封存容量为 48.3 亿 t，原油增产容量为 14.67 亿 t，其中陆域容量占 95%以上。我国陆域主要油田的CO_2封存容量为 19.86 亿 t，原油增产容量为 8.88 亿 t。根据远景资源量调查结果对陆上近 30 个盆地的评估，强化采油的封存容量为 191.8 亿 t，渤海湾、松辽、塔里木、鄂尔多斯、准噶尔等 9 个盆地的封存容量占全国总量的 83.89%。实际封存容量可能偏向上述评估的低值。

2. CO_2驱替煤层气技术

我国煤层气资源极为丰富，大力开发煤层气资源并加以规模化利用，对缓解国家能源供需矛盾具有重要意义。另外，以甲烷为主要成分的煤层气又是《京都议定书》规定的六种主要温室气体之一，而且其温室效应系数为 21，煤层气的规模化开采与利用有利于环境保护。但是，目前我国煤层气开采整体水平还比较低，处于"气多采不出"的状态，其主要原因是我国煤层的渗透率普遍较低，常规开采方法的煤层气流量小、采收率低。为此，以提高煤层气采收率同时封存 CO_2 为目的的驱替煤层气技术受到越来越多的关注。

CO_2 驱替煤层气（简称驱煤层气，Carbon Dioxide Enhanced Coal Bed Methane，CO_2-ECBM）技术是指将 CO_2 或者含 CO_2 的混合气体注入深部不可采煤层中，以实现 CO_2 长期封存同时强化煤层气开采的过程。

驱煤层气技术的 CO_2 理论封存容量约为 98.8 亿 t。据最新一轮全国煤层气资源调查，全国埋深 2000 m 以内浅煤层气地质资源量为 36.81 万亿 m^3，其中埋深在 1000~2000 m 内煤层气地质储量为 22.30 万亿 m^3。考虑技术的适用深度为 1000~2000 m，假定驱替煤层气技术适用于这一深度区间 10% 的煤层，基于碳封存领导人论坛推荐的评价方法，估计我国煤层的 CO_2 封存容量为 98.8 亿 t。鄂尔多斯盆地、准噶尔盆地、吐哈盆地及海拉尔盆地封存容量较大，占全国总容量的 70%。

3. CO_2 强化天然气开采技术

我国天然气需求量正快速增加，2019 年天然气表观消费量为 3067 亿 m^3，同比增长 9.4%。预计到 2030 年，天然气消费量将为 5500 亿~6000 亿 m^3/a，如果海陆过渡相和陆相页岩气、天然气水合物未实现重大突破，天然气对外依存度将超过 35%。CO_2 强化天然气开采技术是一种以提高常规天然气采收率并同时封存 CO_2 为目的的新兴 CO_2 地质利用与封存技术。

CO_2 强化天然气开采（简称强化采气，Carbon Dioxide Enhanced Gas Recovery，CO_2-EGR）技术，是指注入 CO_2 到即将枯竭的天然气气藏底部，将因自然衰竭而无法开采的残存天然气驱替出来从而提高采收率，同时将 CO_2 封存于气藏地质结构中以实现 CO_2 减排。

我国强化采气的 CO_2 封存容量为十亿至数百亿 t。根据我国各含油气盆地天然气勘探资料和天然气资源评估结果，我国主要气田的 CO_2 封存容量为 304.83 亿 t，其中已探明天然气资源所对应的 CO_2 封存容量为 41.03 亿 t。鄂尔多斯盆地、四川盆地、塔里木盆地和柴达木盆地的封存容量最大，占陆域总容量的 78.6%。以上容量评估未考虑强化采气，以下容量评估则考虑探明储量（未来数十年逐步枯竭）及强化采气的原理。我国常规天然气地质资源量为 90.3 万亿 m^3，可采资源量为 50.1 万亿 m^3。每年新增探明地质储量连续 16 年保持在 5000 亿 m^3 以上。截至 2019 年年底，我国天然气资源探明率为 18.05%。根据无水弹性气驱气藏储量占 14%，假设强化采气可将气藏储量的 5%~15% 驱替出来，按照 0.03~0.05 t CH_4/1 t CO_2 的驱替率，得到 CO_2 封存容量为 9.1 亿~45.7 亿 t。

4. CO_2 增强页岩气开采技术

页岩气开发是全球能源领域的一场革命。它不仅仅增加了天然气产量，更对全球天然气市场、能源供应格局、气候变化政策等产生了重要影响。2018 年，中国成为继美国和加拿大之后的全球第三大页岩气生产国，页岩气产量为 109 亿 m^3，累计完成页岩气钻井 898 口，提交探明储量为 1.05 万亿 m^3。其中，中国石油化工集团有限公司（简称中石油）的页岩气探明储量为 7254.92 亿 m^3，产量为 66.17 亿 m^3；中石油页岩气探明储量为 3200.75 亿 m^3，产量为 42.64 亿 m^3。按照国家能源局页岩气发展规划，在政策支持到位和市场开拓顺利情况下，2030 年将实现页岩气产量 800~1000 亿 m^3。页岩气开采的核心技术之一是水力压裂。提高压裂效果，减少水资源和地下水污染是页岩气开采中的难题。

CO_2 增强页岩气开采技术是指利用 CO_2 代替水来压裂页岩，并利用 CO_2 吸附页岩能力比 CH_4 强的特点，置换 CH_4，从而提高页岩气开采率，并实现 CO_2 的封存。

据国土资源部发布的《全国页岩气资源潜力调查评价及有利区优选》报告，

经初步评价，我国陆域页岩气潜在资源量为 134.4 万亿 m^3，可开采资源量为 25.1 万亿 m^3（不含青藏区），超过国内常规天然气资源量，大致与美国页岩气资源量相当，勘探开发潜力巨大。其中，南方、华北—东北、西北及青藏地区各自占页岩气可采资源总量的 46.8%、8.9%、43% 和 1.3%。

5. CO_2 驱油与封存技术路线图

根据目前技术发展和经济情况，CO_2 埋存应优先考虑 CO_2 驱油，其次为 CO_2 驱煤层气、页岩气，再次为 CO_2 盐水层埋存、深海埋存。以此为基础，本书根据我国 CO_2 驱油与封存技术情况，综合考虑我国 CO_2 驱油、驱气及盐水层埋存技术成熟度、经济有效性及埋存安全性，建立了 CO_2 驱油、驱煤层气、页岩气和盐水层埋存技术发展路线图，具体如图 5-7 所示。

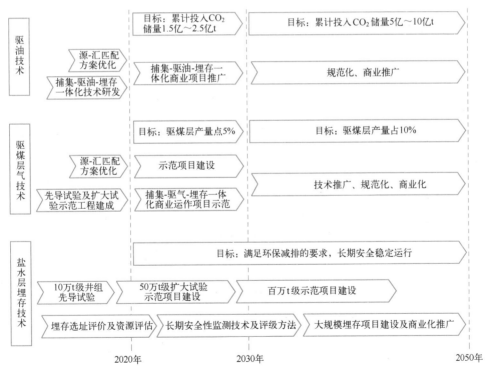

图 5-7　我国中长期 CO_2 地质利用技术路线图

CO_2驱油技术：CO_2驱油技术发展最早也是最成熟的埋存技术。在详细资源评估的基础上，结合CO_2集中排放源的分布，优化源-汇匹配研究，完成源-汇匹配规划方案设计，跨行业、跨部门合作开展CO_2捕集-驱油-埋存一体化技术研发，做到方案设计、技术实施、经济评估一体化统筹规划，加大CO_2驱油应用力度，投入6000~12000 t CO_2进行驱油；2030年以后进入商业化、规范化的推广应用，大力实施CO_2捕集-驱油-埋存一体化项目，累计投入储量5亿~10亿t。

CO_2驱煤层气及盐水层埋存技术：这两类技术目前处于机理研究和井组试验阶段，技术还不成熟，2030年大力开展CO_2捕集-驱气-埋存一体化、CO_2捕集-埋存一体化技术研发，实施大型一体化示范工程项目，落实环境安全监测方法及长期埋存安全性监测技术研究；2050年实现全流程技术推广和规模化、商业化项目实施。

5.3.2　CO_2化工利用

CO_2化工利用是指以化学转化为主要特征，将CO_2和共反应物转化成目标产物，从而实现CO_2的资源化利用。目前，已经实现了CO_2较大规模化学利用的商业化技术，主要包括CO_2与氨气合成尿素、CO_2与氯化钠生产纯碱、CO_2与环氧烷烃合成碳酸酯以及CO_2合成水杨酸技术。尤其是CO_2与氨气合成尿素技术，我国尿素年产量超过了7000万t，年利用CO_2约5000万t，年工业产值达到约1400亿元。对于CO_2与氯化钠在氨气作用下合成纯碱技术，每生产1 t纯碱大约理论消耗CO_2接近0.42 t。我国纯碱年产量约2400万t，表观消耗的CO_2约1000万t，年工业产值达到约360亿元。对于合成碳酸酯和水杨酸技术，由于目标产品年产量均小于30万t，总体利用CO_2的量约每年在20万t以内，且目前的技术受其潜在技术的竞争，发展前景并不乐观。

1. CO_2与甲烷重整制备合成气技术

CO_2与甲烷重整制备合成气（简称重整制合成气，Carbon Dioxide Reforming

of Methane，CO₂-CDR）技术是指在催化剂作用下，CO_2 和 CH_4 反应生成合成气（CO 和 H_2 的混合物）的过程。反应方程式如下：

$$CO_2 + CH_4 = 2CO + 2H_2 + 247.3\,kJ/mol\ (298.15\,K, 1.01\,MPa) \quad (5-1)$$

CO_2 和 CH_4 重整过程的目标产品合成气是一种重要的基础化学品，被誉为"合成工业的基石"，主要用于合成油、合成甲醇等大宗化学品。目前合成油和合成甲醇的主要技术路线为煤或天然气首先转化为合成气，进而再转化为能源产品。

目前该技术已经完成了中试，正在进行 50000 m³/h 的工业化示范装置的建设，并形成大规模的工业化应用软件包，同时正在开展百万吨级的大规模工业化应用。随着我国煤层气、页岩气和大型煤化工基地的建成和运行，2030 年将实现全面的工业化推广，预计通过该技术将实现生产合成气至少在 2000 万 t 以上，因此，在 2020 年和 2030 年该技术的市场占有率将分别达到 3%~7% 和 8%~12%，即 450 万~1050 万 t/a 和 2000 万~3000 万 t/a。依此推算该技术可实现 CO_2 减排 900 万~2100 万 t/a 和 4000 万~6000 万 t/a。

2. CO₂ 经 CO 制备液体燃料技术

CO_2 经 CO 制备液体燃料（简称裂解制液体燃料，Carbon Dioxide to Liquids，CO₂-CTL）技术是指在高温条件下（通常是 1300~1600℃），首先使氧载体〔一般为金属氧化物如四氧化三铁（Fe_3O_4）、二氧化铈（CeO_2）等〕热分解，释放出氧气（O_2），然后再用还原态的氧载体在较低温度下与 CO_2 反应产生 CO，同时使氧载体被氧化再生，并进入第一步反应实现循环，通过两步反应可连续地将 CO_2 裂解成 CO 和 O_2，并与后续成熟技术衔接合成各类液体燃料或化学品。相关反应方程式如下。

氧载体热分解：

$$Fe_3O_4 = 3FeO + 0.5O_2 + 317\,kJ/mol\ (298.15\,K) \quad (5-2)$$

CO_2 热分解：

$$3FeO + CO_2 = Fe_3O_4 + CO - 34\,kJ/mol\ (298.15\,K) \quad (5-3)$$

总反应:

$$CO_2 = CO + 0.5O_2 + 283\,kJ/mol\ (298.15\,K) \tag{5-4}$$

由于目前裂解制液体燃料技术尚处在基础研究阶段,一些关键性技术难点有待进一步突破,因此其在 2020 年较难做出实质性的减排贡献。但随着我国太阳能与核能产业的发展,预计到 2030 年,将至少形成 2~5 套 20 万 t 级工业化应用项目的运行,预计实现 CO_2 减排 135 万~337 万 t/a。

另外,各国政府都将太阳能作为国家可持续发展战略的重要内容,但目前主要是利用光热发电和光伏发电。这些过程虽然可以提供能量但不能形成物质性生产,即不能生产出各种能源或化工产品。因此,从资源、能源发展战略的角度来看,将太阳能转化为化学能,进而合成各种燃料或化学品,将能够为解决能源与资源的可持续发展做出极大的贡献,也为太阳能利用和 CO_2 转化耦合提供了极大的示范和推广机会。

3. CO_2 加氢合成甲醇技术

CO_2 加氢合成甲醇(简称合成甲醇,Carbon Dioxide to Methanol,CO_2-CTM)技术是指在一定温度、压力下,利用 H_2 与 CO_2 作为原料气,通过在催化剂(铜基或其他金属氧化物催化剂)上加氢反应来合成甲醇,合成甲醇主要涉及的反应方程式如下:

$$CO_2 + 3H_2 = CH_3OH + H_2O - 49.43\,kJ/mol \tag{5-5}$$

$$CO_2 + H_2 = CO + H_2O - 41.12\,kJ/mol \tag{5-6}$$

$$CO + 2H_2 = CH_3OH - 90\,kJ/mol \tag{5-7}$$

甲醇是最简单的饱和醇,也是重要的化学工业基础原料和清洁液体燃料,广泛用于有机合成、医药、农药、涂料、染料、汽车和国防等工业中,用于合成甲醛、二甲醚、烯烃、汽油、醋酸、氯甲烷、甲胺、硫酸二甲酯、对苯二甲酸二甲酯、丙烯酸甲酯等多种产品。目前我国几乎全部采用以煤炭为原料经过气化合成甲醇的技术路线,不仅浪费了大量的煤炭资源,同时也排放出了大量

的 CO_2。2019 年我国甲醇产能约为 8812 万 t，同比增长 6.1%，产量约为 6216 万 t，同比增长 11.5%。

目前该技术已经完成了部分中试，正在进行工业化示范装置的筹建，在完成近 1200 h 连续运转的单管试验的基础上，完成了 10~30 万 t/a 二氧化碳甲醇技术工艺包的编制。结合我国焦炉气和盐卤行业富产的廉价氢源以及我国部分大型企业的规划，预计 2030 年利用 CO_2 加氢技术将至少生产 1000 万 t 以上的甲醇，推算该技术在 2030 年有望实现 5000 万 t/a 以上的 CO_2 综合减排潜力。

4. CO_2 合成碳酸二甲酯技术

有机碳酸酯种类众多，其中，碳酸二甲酯最具代表性。CO_2 合成碳酸二甲酯技术是指以 CO_2 为原料，在催化剂的作用下，经过甲醇来直接或间接合成碳酸二甲酯的系列技术。

碳酸二甲酯是一种新型的低污染、环境友好型的绿色基础化工原料。由于其分子中具有羟基、甲基、甲氧基和羟基甲氧基等活性官能团，可以替代传统使用的剧毒光气、硫酸二甲酯以及氯甲酸甲酯等进行羟基化反应、甲基化反应以及羟基甲氧基化反应，因此被誉为是有机合成的"新基块"。此外，碳酸二甲酯也被广泛应用于溶剂、汽油添加剂、锂离子电池电解液等领域。

我国是世界上碳酸二甲酯主要生产国和出口国之一。近几年碳酸二甲酯的产量、消费量、出口量均呈快速发展的态势，并在胶黏剂行业、农药、医药行业、电池电解液、聚碳酸酯和聚氨酯行业以及汽柴油添加剂等方面得到了应用，从 CO_2 出发合成碳酸二甲酯对于节能减排和绿色化工的发展具有很好的社会意义。

2017 年我国碳酸二甲酯表观消费量约 35.1 万 t，目前尿素醇解法合成碳酸二甲酯技术已经完成了千吨级的中试，正在进行万吨级示范装置的运行，其生产成本较传统技术降低 20% 以上，在市场推广方面极具优势，目前已经有若干企业正在实施十万吨级以上的大规模工业化筹建，预计 2030 年该技术的市场占有率至少达到 50%，依此来估算，可预测的 CO_2 综合减排量约 500 万 t/a。

5. CO₂化工利用技术路线图

建立以CO_2为可再生原料的化工产业是一个长期的目标。CO_2化工应用具有丰富的产品链，未来还可以进一步拓展。首先进一步推广和扩大传统CO_2化工产品利用技术，开展耦合新能源的低能耗、低成本CO_2化工产品生产工艺技术研究；2020年加大CO_2化学转化制取合成气、甲醇、聚氨酯等新产品技术的研发，建立万吨以上化工利用工程示范；2030年建立10万t以上大规模产业化工程示范，开展CO_2化学转化制取能源、化工产品技术产业化优化与装备研发；到2050年建立完整的CO_2化工应用与产品体系，形成商业化推广应用技术能力，进行CO_2化工利用新技术大规模工业化推广。

目前只有少量的产品实现工业化并应用，有效转化和利用CO_2的关键在于CO_2分子的活化。从能量利用效率的角度来看，甲烷CO_2重整制合成气等反应需要较高的能源消耗，而含羧基的有机化合物所需能量不高，经济效益较好。尤其是CO_2制碳酸酯、聚碳酸酯等化工过程具有很好的经济效益。本书根据我国CO_2化工利用情况，编制了技术路线图，如图5-8所示。

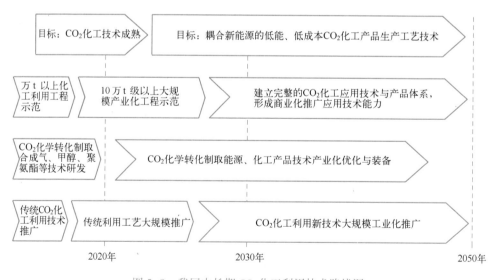

图5-8   我国中长期CO_2化工利用技术路线图

5.3.3　CO_2 生物利用

CO_2 生物利用技术是指以生物转化为主要特征，通过植物光合作用等，将 CO_2 用于生物质的合成，从而实现 CO_2 资源化利用。近年来，CO_2 生物利用技术已经成为全球碳捕获、利用与封存（Carbon Capture，Utilization and Storage，CCUS）中的后起之秀。CO_2 生物利用技术不仅将在 CO_2 减排上发挥作用，还将带来巨大的经济效益，因此，加快 CO_2 生物利用重要核心技术的研发、积极培育相关产业，将对我国工农业的可持续发展产生重要影响。

当前，CO_2 生物利用技术还处于初期发展阶段，其研究主要集中在微藻固碳和 CO_2 气肥利用上。其中，微藻固碳技术主要用于能源、食品和饲料添加剂、肥料等生产，包括微藻固定 CO_2 转化为生物燃料和化学品、微藻固定 CO_2 转化为生物肥料、微藻固定 CO_2 转化为食品和饲料添加剂等。微藻生长周期短，固碳效率高，其固碳效率是陆生植物的 10 ~ 50 倍，同时微藻的繁殖能力强、易培养，生产环节简单，适宜规模养殖并且不占用耕地。特别地，某些微藻还具有耐受极端环境的特性，如高温、高盐度、极端 pH、高光照强度及高 CO_2 浓度等。所以，目前生物固碳的研究工作主要集中在微藻固碳上。此外，由于我国拥有世界最大面积的种植大棚，CO_2 作为气肥在这类大棚温室中会得到广泛应用。

1. 微藻固定 CO_2 转化为生物燃料和化学品技术

微藻固定 CO_2 转化为生物燃料和化学品技术（简称微藻制备生物燃料技术，Converting Carbon Dioxide Fixed by Algae into Biofuel，CO_2-AB）主要利用微藻的光合作用，将 CO_2 和水在叶绿体内转化为单糖和氧气，单糖可在细胞内继续转化为中性甘油三酯（TAG），甘油三酯酯化后形成生物柴油。利用微藻制备生物柴油的工艺方法包括：产油微藻的选育、产油微藻的大规模培养、产油微藻的收获、藻泥的干燥、微藻细胞的破碎、藻粉油脂的提取和生物柴油的制备。

微藻制取生物燃料和化学品的市场潜力巨大。本书对我国中长期（2020～2050 年）生物燃料发展情景进行了比较和分析，认为在保持现有政策的前提下，2020 年生物燃料保守发展量为 400 万 tce；而在积极财税政策支持下，最大市场发展量可达 2980 万 tce。

此外，利用微藻还能生产醇类、烷烃和异戊二烯等化学品，但目前没有形成规模。

目前，该技术的 CO_2 减排效果主要体现在间接减排上。预计到 2030 年，将建成 20 个 100 hm^2 跑道开放池养藻基地，6 个 100 hm^2 板式反应器养藻基地，年度 CO_2 减排总量达到 5.12 万 t。

2. 微藻固定 CO_2 转化为生物肥料技术

微藻固定 CO_2 转化为生物肥料（简称微藻制备生物肥料技术，Converting Carbon Dioxide Fixed by Algae into Bio-fertilizer，CO_2-AF）技术主要利用微藻的光合作用，将 CO_2 和水在叶绿体内转化为单糖和氧气；同时丝状蓝藻能将空气中的无机氮转化为可被植物利用有机氮。这类技术将生物固碳和生物固氮、工厂附近固碳和稻田大规模固碳结合起来，主要流程包括：高效固碳和高效固氮藻种的选育、微藻的大规模培养、微藻的收集、微藻的干燥、微藻的运输和微藻藻粉在稻田中的应用。

该技术的 CO_2 减排包括直接减排和间接减排两个部分。直接减排主要是微藻通过光合作用将 CO_2 转变为生物质，生产每吨干重的藻粉可固定 1.8 t 的 CO_2；间接减排主要包括固氮蓝藻肥料替代尿素等氮肥，从而减少尿素等氮肥生产过程中 CO_2 的排放，由于量较少，不计入计算。

该技术不存在地域性局限。CO_2 排放量超过 2000 t 的工厂附近都可用来建立微藻培养基地。这些基地生产的固氮蓝藻藻粉可进行长距离运输，用于全国所有的稻田中。目前已建成了 3 个 100 hm^2 板式反应器养藻基地，2030 年将建成 20 个跑道开放池和 20 个板式反应器养藻基地。

3. 微藻固定 CO_2 转化为食品和饲料添加剂技术

微藻固定 CO_2 转化为食品和饲料添加剂（简称微藻制备食品和饲料添加剂，Converting Carbon Dioxide Fixed by Algae into Supplement for Food and Feed, CO_2-AS）技术是利用部分微藻的光合作用，将 CO_2 和水在叶绿体内转化为单糖，接着将单糖在细胞内转化为不饱和脂肪酸和虾青素等高附加值次生代谢物。其主要技术流程包括：能积累高附加值次生代谢物的固碳藻类的选育、微藻的大规模培养、微藻的收集、微藻的干燥和微藻藻粉在食品和饲料行业中的应用。根据选用微藻种类，该技术的产品包括一系列含不饱和脂肪酸（EPH 和 DHA）、虾青素和胡萝卜素等高附加值次生代谢物的藻粉。

该技术的推广存在地域性局限，养藻池只能建在 CO_2 排放工厂的附近。我国80% 的工厂都能提供所需的碳量，预计到 2030 年建成 10 hm^2 的跑道开放池和板式反应器养藻基地各 5 个，固定 CO_2 约 7000 t/a。

4. CO_2 气肥利用技术

CO_2 气肥利用（简称气肥，Converting Carbon Dioxide into Gas Fertilizer, CO_2-GF）技术是将来自能源、工业生产过程中捕集、提纯的 CO_2 注入温室，增加温室中 CO_2 的浓度来提升作物光合作用速率，以提高作物产量的 CO_2 利用技术。该技术主要通过农业温室生产的方式，提高农作物的产量，减少 CO_2 排放。该技术环节主要包括：CO_2 存储注入、温室 CO_2 浓度监控、温室 CO_2 浓度与作物生长阶段匹配调控等。其中，核心技术是温室 CO_2 浓度与作物生长过程的协调优化。

我国温室设施园艺生产规模已从 1981 年的 0.72 万 hm^2 猛增到 2017 年的 370万 hm^2，是世界设施园艺面积最大的国家。未来，随着我国农业现代化进程加快，设施园艺将进一步快速发展，质量不断提高，面积也将呈快速扩张趋势。因此，捕集 CO_2 温室气肥利用技术发展前景非常可观。

目前，CO_2 气肥利用技术仍处于研发示范阶段，主要受初次投入成本较高和技术复杂性的限制，全国温室生产面积中的应用比例极低。通过进一步的技术研发，降低一次投入成本，形成用户友好的成熟产品，该技术有望在全国半数经济效益较好的温室中应用，可行利用量达到 170 万 t/a，净减排量达到 90 万 t/a。预计 2030 年推广至全国 8% 温室。

根据中国科学院《中国至 2050 年能源科技发展路线图》（2009 年），本书编制了我国中长期 CO_2 生物利用技术路线图，如图 5-9 所示。

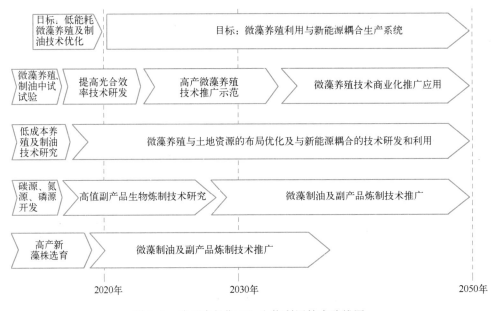

图 5-9　我国中长期 CO_2 生物利用技术路线图

时间节点目标如下：

2020~2030 年，建立能源农场，生物质液体燃料关键技术和工业示范；纤维素燃料乙醇、生物质合成液体燃料、生物质裂解燃料、生物质化学品等在技术和经济上具明显竞争优势；探索新型生物质能技术。

2031~2050 年，形成商业化的第二代生物质液体燃料技术；开发出新型生物质能源技术（生物质制氢、海洋生物质能、微生物燃料电池、油藻微生物能源、人工光合成能源转换系统等）；形成第三代生物质能源技术工业示范系统。

5.3.4　发展预期与政策建议

首先预估各类利用技术到 2020 年、2030 年和 2050 年的发展水平、预期工业产值及 CO_2 综合减排潜力，以期为当前的相关政策制定提供依据，见表 5-3。

表 5-3　CCS/CCUS 直接减排 CO_2 预测　　　（单位：万 t）

序号	名　称	2020 年	2030 年	2050 年
1	地质利用技术			
	驱油	395	2832	3150
	驱煤层气	13.66	250	8000
	盐水层埋存			50000
	盐渍土			6000
	强化采气			
	增强页岩气			
	增强采热		10	
	铀矿浸出增采			
	强化采水	90	5600	
2	化工利用技术			36000
	重整制合成气	1500	5000	
	裂解制液体燃料		250	
	合成甲醇	2000	5000	
	合成碳酸二甲酯	350	500	
	合成甲酸		10	
	直接合成聚合材料	10	50	
	合成异氰酸酯/聚氨酯	18	70	
	间接制备聚碳酸酯/聚酯材料	168	225	
	钢渣直接矿化	500	1500	
	钢渣间接矿化	10	240	
	磷石膏矿化	10	100	
	钾长石加工联合矿化	10	200	

（续）

序号	名　　称	2020 年	2030 年	2050 年
3	生物利用技术			
	微藻制备生物燃料	2.56	5.12	1800
	微藻制备生物肥料	9.8	116.4	
	微藻制备食品和饲料添加剂	0.2	0.7	
	气肥利用	0.36	14.4	
总量	—	5087.58	21973.62	104950

CO_2 利用技术减排潜力可观，将带动相关技术和装备制造业的发展，但需要有力的政策支持。目前 CO_2 利用技术大多不能仅通过产品获得净收益，尚面临一些瓶颈，我国应当给予高度重视，以超常规的手段部署技术研发与推广。

1）CCUS 是高科技技术，初期投资非常大，运行成本也很高。因此，建议国家加大对 CCUS 技术研发与示范的支持力度，加大科技投入，实施 CCUS 技术研发与示范，建立国家碳捕集、利用与封存科技项目库，加强基础研究、技术研发、工程示范等工作的衔接。

2）由于 CCS/CCUS 技术研发、示范和推广涉及煤炭、电力、化工、地质、采油、矿业、食品、消防、农业等多个行业和领域，仅靠某一研究机构的力量很难突破学科、领域界限。因此，建议国家做好顶层设计，制定完整的发展规划，加大对 CCS/CCUS 技术研发的统筹协调，建立 CCUS 产业技术创新战略联盟，形成长效稳定的组织运行机制，集成产学研多方资源，建立 CCUS 技术信息集成与资源共享平台，提高 CCUS 技术与信息服务能力。

3）政府应加快推进应对气候变化和低碳发展的立法，明确低碳发展工作的范围、目标、原则和主要内容，规范不同社会主体的责任、权利和义务，加强政策措施、体制机制、科技支撑等方面的保障。通过制定法规和政策，制定低碳经济发展的整体规划，出台鼓励低碳经济发展的财政政策和税收政策。

4）针对 CO_2 利用技术实施过程，综合考虑安全、环境和健康风险，根据国际标准化组织已经启动的 CO_2 利用相关标准，结合我国 CO_2 利用示范工程建立情况，开展全过程物质流分析研究，推动建立逐级、分区域、差异化的 CCS 标准体系及制定相关标准，为我国技术创新提供保障。

5.4　我国 CO_2 排放量及 CCS/CCUS 减排量预测

5.4.1　情景一

情景一即根据近几年我国 CO_2 排放量情况，利用增长趋势法进行预测，基本维持现状，没有考虑采取新措施。

2010~2018 年我国单位 GDP 能耗统计，见表 5-4。

表 5-4　2010~2018 年我国单位 GDP 能耗统计

年份	名义 GDP /亿元	能耗总量 /亿 t 标准煤	单位 GDP 能耗 /(t 标准煤/万元)
2010	401512	32.49	1.26
2011	473104	34.80	1.36
2012	538580	40.21	1.34
2013	592963	41.69	1.42
2014	641281	42.58	1.51
2015	685993	42.99	1.60
2016	740061	43.58	1.70
2017	820754	44.85	1.83
2018	900310	46.4	1.94

注：资料来源于《中国统计年鉴》(2019)。

根据上述情况和 2011~2018 年我国 CO_2 实际排放量，利用增长趋势法预测未来我国 CO_2 排放量，结果如图 5-10 所示。

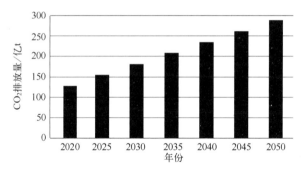

图 5-10　情景一我国 CO_2 排放量预测

5.4.2　情景二

假定按 2018 年可比价格计算，GDP 增速：2021~2025 年 5.5%；2026~2030 年 5%；2031~2040 年 4%，2041~2050 年 3%。

按 2018 年可比价格计算，单位 GDP 能耗：2015~2017 年 4.5%；2019~2020 年 4%；2021~2025 年 3.7%；2026~2030 年每年下降 3.3%；2031~2040 年 3.1%；2041~2050 年每年下降 3%。

年均发电标准煤耗：2020 年 295 g/(kW·h)；2030 年 290 g/(kW·h)；2050 年 275 g/(kW·h)。

情景二即不考虑能源结构的调整，不采用 CCS/CCUS 措施，仅考虑采取节能措施减少我国 CO_2 排放，结果如图 5-11 所示。

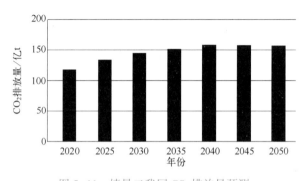

图 5-11　情景二我国 CO_2 排放量预测

5.4.3　情景三

情景三即综合考虑合理控制能源消费总量和调整能源结构，基于现有可预期的政策及技术条件，对 2020 年、2030 年和 2050 年我国一次能源生产总量和结构目标进行预测。预测采用间接法，以国内生产总值和单位 GDP 能耗为变量，建立生产能源需求预测函数。所引用历史数据来源于《中国统计年鉴》《中国能源统计年鉴》及本书调查数据等。能耗统计按发电标准煤耗计算法，得到基于科学产能和用能的我国一次能源结构调整建议，见表 5-5。

表 5-5　基于科学产能和用能的我国一次能源结构调整建议

项　　目		2020 年		2030 年		2050 年			
						情形 1		情形 2	
		产量/亿 tce	比例（%）	产量/亿 tce	比例（%）	产量/亿 tce	比例（%）	产量/亿 tce	比例（%）
国内生产	煤炭	27.4	57.1	25.5	45.5	20.9	34.8	17.3	28.8
	石油	3.1	6.5	3.1	5.5	3.1	5.2	3.1	5.2
	天然气	3.1	6.5	4.7	8.4	5.7	9.5	5.7	9.5
	核能	1.4	2.9	4.6	8.2	8.8	14.7	8.8	14.7
	商品化可再生能源	6.5	13.5	9	16.1	14.3	23.8	17.9	29.8
进口能源		6.5	13.5	9.1	16.3	7.2	12	7.2	12
一次能源供应总量		48	100	56	100	60	100	60	100

2020 年，一次能源供应能力为 48 亿 t 标准煤，其中，国内生产能力为 41.5 亿 t 标准煤。化石能源供应量为 40.1 亿 t 标准煤，占一次能源供应总量的 83.5%。其中，国内煤炭产量为 27.4 亿 t 标准煤；石油产量为 2.2 亿 t 原油（折合 3.1 亿 t 标准煤），考虑生物质制液体燃料的发展，石油对外依存度控制在 61% 左右；天然气产量约为 2350 亿 m³（折合 3.1 亿 t 标准煤），天然气对外依存度控制在 36% 左右。非化石能源产量为 7.9 亿 t 标准煤，占一次能源供应总量的 16.5%，其中，

核电产量为 1.4 亿 t 标准煤，商品化可再生能源产量为 6.5 亿 t 标准煤。

2030 年，一次能源供应能力为 56 亿 t 标准煤，其中，国内生产能力为 46.9 亿 t 标准煤。化石能源供应量为 42.4 亿 t 标准煤，占一次能源供应总量的 75.7%。其中，国内煤炭产量为 25.5 亿 t 标准煤；石油产量为 2.2 亿 t 原油（折合 3.1 亿 t 标准煤），考虑生物质制液体燃料的发展，石油对外依存度控制在 63% 左右；天然气产量约为 3500 亿 m^3（折合 4.7 亿 t 标准煤），天然气对外依存度控制在 45% 左右。非化石能源产量为 13.6 亿 t 标煤，占一次能源供应总量的 24.3%，其中，核电产量为 4.6 亿 t 标准煤，商品化可再生能源产量为 9 亿 t 标准煤。

2050 年为远期目标预测，可再生能源开发利用受环境约束、技术发展和政策驱动等因素的影响，不确定性较大。对 2050 年能源生产目标的预测分两种情形：情形 1 为综合考虑资源潜力、环境约束和社会总成本等多方因素的平稳发展方案；情形 2 为强调环境约束的积极推进方案，是主要推荐方案。在可再生能源技术出现重大突破和相关政策配套完善的情况下，2050 年商品化可再生能源有望达到一次能源供应总量的 40%。

平稳发展方案：2050 年一次能源供应能力为 60 亿 t 标准煤，其中，国内生产能力为 52.8 亿 t 标准煤。化石能源供应量为 36.9 亿 t 标准煤，占一次能源供应总量的 61.5%。其中，国内煤炭产量为 20.9 亿 t 标准煤；石油产量为 2.2 亿 t 原油（折合 3.1 亿 t 标准煤），由于生物质制液体燃料和基于可再生能源的新能源汽车的发展，石油需求降低，石油对外依存度下降到 52% 左右；考虑海陆过渡相和陆相页岩气、天然气水合物实现重大突破，2050 年天然气产量有望达到 4300 亿 m^3（折合 5.7 亿 t 标准煤），天然气对外依存度下降到 40% 左右。非化石能源产量为 23.1 亿 t 标准煤，占一次能源供应总量的 38.5%，其中核电产量为 8.8 亿 t 标准煤，商品化可再生能源产量为 14.3 亿 t 标准煤。

积极推进方案：2050 年一次能源供应能力为 60 亿 t 标准煤，其中国内生产能力为 52.8 亿 t 标准煤。化石能源供应量为 33.3 亿 t 标准煤，占一次能源供应总量的 55.5%。其中，国内煤炭产量为 17.3 亿 t 标准煤；石油产量为 2.2 亿 t 原油（折合 3.1 亿 t 标准煤），由于生物质制液体燃料和基于可再生能源的新能源汽车的发展，石油需求降低，石油对外依存度下降到 52% 左右；考虑海陆过渡相和陆相页岩气、天然气水合物实现重大突破，2050 年天然气产量有望达到 4300 亿 m^3（折合 5.7 亿 t 标准煤），天然气对外依存度下降到 40% 左右。非化石能源产量为 26.7 亿 t 标准煤，占一次能源供应总量的 44.5%，其中核电产量为 8.8 亿 t 标准煤，商品化可再生能源产量为 17.9 亿 t 标准煤。

考虑采取情景二节能措施及国家能源消费结构调整平稳发展方案，预测 2020 年、2030 年、2050 年 CO_2 排放量，如图 5-12 所示。

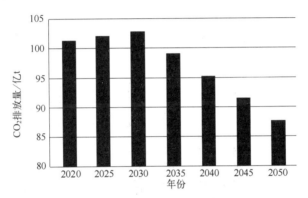

图 5-12　情景三我国 CO_2 排放量预测（平稳发展方案）

考虑采取情景二节能措施及国家能源消费结构调整积极推进方案，预测 2020 年、2030 年、2050 年 CO_2 排放量，如图 5-13 所示。

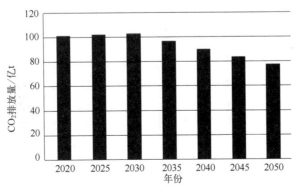

图 5-13　情景三我国 CO_2 排放量预测（积极推进方案）

如图 5-12、图 5-13 所示，2030 年 CO_2 的排放已经达到峰值，我国能源资源特点是煤炭消费在能源消费中所占比例高于世界平均水平，改变能源结构是未来满足我国能源需求和减少 CO_2 排放的重要措施之一。

5.4.4　情景四

情景四即考虑在情景三平稳发展与积极推进基础上，采取本书提出的 CCS/CCUS 技术措施，预测 2020 年、2030 年、2050 年 CO_2 排放量，如图 5-14、图 5-15 所示。

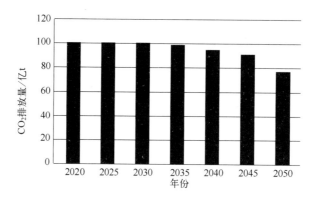

图 5-14　情景四我国 CO_2 排放量预测（平稳发展方案）

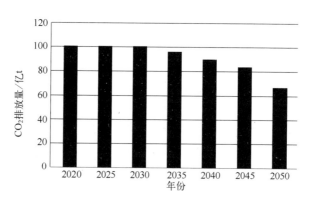

图 5-15　情景四我国 CO_2 排放量预测（积极推进方案）

　　通过上述四种情景的分析预测，如果我国不采取任何新措施、维持现状，2050 年我国 CO_2 排放量将达到 288.75 亿 t；如果采取节能措施，2050 年我国 CO_2 排放量将降至 137.81 亿 t；如果进一步采取调整能源结构、发展低碳能源措施，在平稳发展方案条件下，2050 年我国 CO_2 排放量可降至 87.69 亿 t，在积极推进方案条件下，CO_2 排放量可降至 77.71 亿 t；如果再进一步采取 CCS/CCUS 措施，在平稳发展方案条件下，2050 年我国 CO_2 排放量可降至 77.19 亿 t，在积极推进方案条件下，CO_2 排放量可降至 67.21 亿 t。四种情景我国 CO_2 排放预测情况见表 5-6、表 5-7 及图 5-16、图 5-17。

表 5-6　平稳发展方案我国 CO_2 排放量情景分析　　（单位：亿 t）

名　　称	2020 年	2030 年	2050 年
情景一	128.10	181.65	288.75
情景二	110.19	128.71	137.81
情景三	101.30	102.86	87.69
情景四	100.80	100.67	77.19

表 5-7　积极推进方案我国 CO_2 排放量情景分析　　（单位：亿 t）

名　　称	2020 年	2030 年	2050 年
情景一	128.10	181.65	288.75
情景二	110.19	128.71	137.81
情景三	101.30	102.86	77.71
情景四	100.80	100.67	67.21

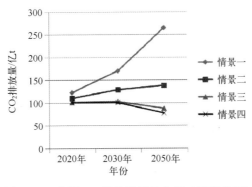

图 5-16　我国 CO_2 排放量情景分析（平稳发展）

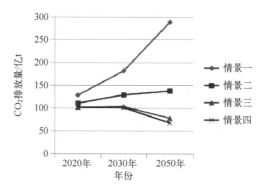

图 5-17　我国 CO_2 排放量情景分析（积极推进）

四种情景相比可以看出，不同时期各种减排措施的贡献情况如图 5-18~图 5-21 所示。

图 5-18　2020 年碳减排措施贡献度　　　　图 5-19　2030 年碳减排措施贡献度

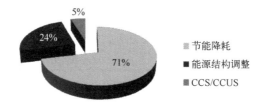

图 5-20　2050 年碳减排措施贡献度（平稳发展）

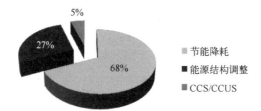

图 5-21　2050 年碳减排措施贡献度（积极推进）

从图 5-18~图 5-21 可以看出，对于减排 CO_2 来说，最主要的措施是节能降耗，贡献度达 65%~71%；其次是调整能源结构，贡献度达 24%~32%；CCS/CCUS 贡献度为 2%~5%，但在 2020~2030 年 CO_2 排放增长缓慢情况下，CCS/CCUS 措施将使得 CO_2 排放峰值提前到达。

下篇　煤电污染物控制处理技术

第6章　煤炭利用方式及煤电发展现状

电力工业是经济社会发展的重要支柱，也是关系国计民生的基础产业。我国富煤、贫油、少气的资源禀赋，决定了煤电是电力的主要组成部分，长期以来，我国发电用煤占全国煤炭消费的比重在50%左右，占全世界煤炭消费的1/4左右，因此煤电污染物控制工作的重要性在我国能源行业乃至全国环境保护工作中不言而喻。

长期以来，我国电力行业不断致力于发电技术、电网技术、污染物控制技术的创新发展，尤其是煤电污染物排放控制水平（包括废气、废水排放控制，固体废物综合利用）已经达到世界先进水平，部分领域甚至达到世界领先水平。

从历史进程看，提高污染物去除效率、降低污染控制成本和体现节能减碳等综合效益的污染物控制技术是环保产业和电力行业不断追求的永恒目标。从生态文明建设要求来看，提高能源利用效率和控制污染物排放是永恒的主题。面对发展新形势新要求，在新一轮能源科技革命和产业变革背景下，煤电污染物控制技术将继续向高可靠性、高效率、低成本方向发展，将在加快推动能源生产和消费革命工作中发挥更重要的作用。

6.1　部分国家煤炭及电力消费情况

6.1.1　能源消耗情况

　　不同国家能源禀赋不同，能源消费结构差异较大。2018 年，世界上煤炭消费比重超过 50% 的仅有中国（58.25%）、南非（70.76%）、印度（55.89%）和哈萨克斯坦（53.42%）；澳大利亚、韩国、日本、德国等发达国家煤炭消费量也占到 20% 以上，世界平均也达到 27% 以上，由此可以看出，煤炭是主要的能源形式之一。从英国石油公司（BP）统计看，中国核能、可再生能源的比重相对较低，未来中国能源结构调整的主要方向是在保证能源安全的前提下，大力发展非化石能源，实现能源转型。2018 年世界煤炭的消费量为 37.72 亿 t 油当量，其中，中国、印度、美国是世界上三个最大的煤炭消费国，占世界的 70.94%，中国占全世界的 50.55%。不同国家一次能源消费结构见表 6-1。

表 6-1　部分国家及组织一次能源消费结构　　　（单位：百万 t 油当量）

国家及组织	石　油	天然气	煤　炭	核　能	水　电	其他可再生能源	合　计	煤炭占比（%）
中国	641.2	243.3	1906.7	66.6	272.1	143.5	3273.5	58.25
美国	919.7	702.6	317.0	192.2	65.3	103.8	2300.6	13.78
俄罗斯	152.3	390.8	88.0	46.3	43.0	0.3	720.7	12.21
印度	239.1	49.9	452.2	8.8	31.6	27.5	809.2	55.89
日本	182.4	99.5	117.5	11.1	18.3	25.4	454.1	25.87
加拿大	110.0	99.5	14.4	22.6	87.6	10.3	344.4	4.19
德国	113.2	75.9	66.4	17.2	3.8	47.3	323.9	20.50
巴西	135.9	30.9	15.9	3.5	87.7	23.6	297.6	5.35

（续）

国家及组织	石　油	天然气	煤　炭	核　能	水　电	其他可再生能源	合　计	煤炭占比（%）
韩国	128.9	48.1	88.2	30.2	0.7	5.0	301.0	29.30
伊朗	86.2	193.9	1.5	1.6	2.4	0.1	285.7	0.52
沙特	162.6	96.4	0.1	—	—	^	259.2	0.04
法国	78.9	36.7	8.4	93.5	14.5	10.6	242.6	3.46
欧盟	646.8	394.2	222.4	187.2	78.0	159.6	1688.2	13.17
OECD	2204.8	1505.2	861.3	446.1	321.3	330.4	5669.0	15.19
世界合计	4662.1	3309.4	3772.1	611.3	948.8	561.3	13864.9	27.21

注：资料来源于《BP世界能源统计年鉴》（2019），仅列出了2018年能源消费总量超过2亿t油当量国家。

6.1.2　电力消费情况

电力工业是经济发展中重要的基础能源产业，对促进经济发展和社会进步起到了重要的作用。由于各国能源结构不同，其发电结构差异也较大。截至2018年年底，全国全口径发电装机容量为19.0亿kW，与上年同比增长6.5%，其中，非化石能源发电装机容量占总装机容量比重为40.8%。2019年，全国全口径发电量为6.99万亿kW·h，与上年同比增长8.4%，其中，非化石能源发电量为2.16万亿kW·h，与上年同比增长11.4%；非化石能源发电量占总发电量比重达到30.9%，与上年同比提高0.8个百分点。

世界上发电量处于前列的国家，其火电发电量仍占有较大比重，如中国、澳大利亚、印度、日本、韩国、俄罗斯、美国等火电比重都超过60%，其中，澳大利亚、印度火电发电量占比超过80%。在火电结构中，煤炭、石油、天然气的差异性也较大。中国、印度、澳大利亚由于能源结构以煤为主，其煤电占总发电量的比重都超过50%，其中，中国为66.5%、印度为75.4%、澳大利亚为 59.9%；韩国、德国煤电比重也超过 35%；而俄罗斯、英国该比例仅分别为 16.0%、5.0%，其主力火电为气电，气电比重分别为 47.0%、39.4%；美国和日本的火电结构则是气电、煤电基本相当，两国气电比重分别为 35.4%、36.8%，煤电比重分别为 27.9%、33.0%。

2018 年世界主要国家发电量及组成如图 6-1 所示，2018 年世界主要国家发电量结构如图 6-2 所示。

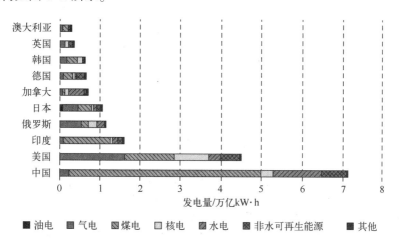

图 6-1 2018 年世界主要国家发电量及组成

注：资料来源于《BP 世界能源统计年鉴》（2019）。

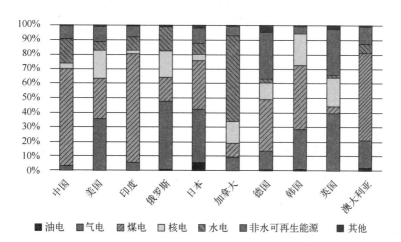

图 6-2 2018 年世界主要国家发电量结构

注：资料来源于《BP 世界能源统计年鉴》（2019）。

6.1.3　煤炭利用方向

由于燃煤利用方式不同，其污染排放的差距相差较大。从世界范围看，大部分的国家都是将煤炭用于电力，以提高煤炭的清洁利用水平。根据国际能源机构（IEA）统计，世界电煤消费占煤炭消费的比重平均约为 61.54%，OECD组织为 78.86%；2016 年，美国、加拿大、德国、韩国、印度、日本、英国、俄罗斯、巴西电煤比重分别为 92.50%、85.38%、78.66%、69.02%、67.20%、62.56%、62.36%、45.59%、37.81%。部分国家电煤占煤炭消费的比重如图 6-3 所示。

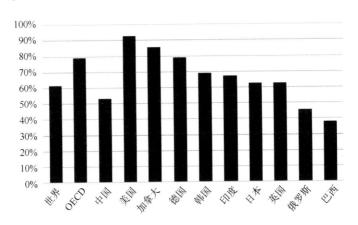

图 6-3　部分国家电煤占煤炭消费的比重

注：资料来源于 IEA。

中国电煤消耗比重为 53.13%，低于世界与发达国家平均水平，甚至低于印度等主要发展中国家；电力外的其他燃煤除用于黑色金属冶炼及加工业、非金属矿物制造业、化学原料及化学品制造业外，仍有一部分用于散烧、居民取暖等，这些燃煤量大面广，污染排放难以控制。中外的电煤比例比较充分说明，中国的煤炭消费行业过于分散，要解决由煤炭燃烧导致的大气污染，仅靠治理电力行业是远远不够的，燃煤量占约 50% 的其他行业燃煤，尤其是散烧煤产生的大气污染必须同步治理，煤炭污染问题才能彻底解决。

6.2　我国煤电在能源系统中的定位

我国能源资源以煤为主的先天禀赋，形成了我国能源生产和能源消费长期以煤为主的态势。随着资源、环境和应对气候变化等约束不断强化，煤炭的主体地位将会被低碳能源、新能源逐步取代，但是，至少在未来二三十年内，煤炭仍将在我国现代化进程中发挥着重要作用，是我国能源安全的保障，是我国经济发展和推动能源革命的基石。习近平总书记提出的包括大力推进煤炭清洁高效利用在内的能源革命要求，为解决我国能源问题、煤炭发展问题指明了道路。

6.2.1　煤电是我国能源与电力转型的支撑

我国的能源转型面临着化石燃料低效利用向高效利用转型与化石能源向可再生能源转型并存的问题，这都需要发挥煤电清洁高效的优势与作用。一方面，化石能源尤其是煤炭转换为电力后，能源品质得到有效提升，成为可以控制使用的能源，实现全社会能效水平的提升；另一方面，虽然能源转型的最终结果是可再生能源替代传统的化石能源尤其是煤炭，但在大力发展可再生能源的转型过程中，煤电发挥着基础和支撑作用。在储能技术没有革命性的发展前，在抽水蓄能规模发展速度较慢的条件下，没有煤电的配套和调峰，风电、太阳能等可再生能源大规模发展受限。未来，大规模的风电、太阳能等可再生能源仍需要大规模的煤电作为调峰调频和备用容量。在能源革命的新形势下，绿色煤电将发挥促进资源优化利用、支持非化石能源发展、保证电力系统稳定运行等重要作用。

6.2.2 煤电是稳定电力价格水平的基础

随着持续大力发展可再生能源发电，非化石能源发电量占比将越来越大，虽其发电成本将逐步下降，但目前与煤电相比仍无价格优势。现有煤电成本较低，虽然随着环保投入加大、支撑可再生能源发电调峰作用加大，造成年利用小时降低、成本增加，但总体上仍有较强的价格优势。可以说，正是因为煤电的发展，有力抑制了高成本的非化石能源大规模发展带来用电成本提高的势头。也正是因为有煤电的基础，保障了新能源高成本的发展和新能源技术的快速进步。

6.2.3 煤炭转化为电力是解决煤炭污染的关键

我国大气污染问题从表象上看，煤炭为主的能源结构是祸首之一，但从本质上看主要是由于对煤炭的不合理利用造成的。约占燃煤总量8%的散烧煤炭污染物排放对环境质量的影响高于燃煤总量一半的电力排放对环境的影响。如果我国电煤比重能够达到世界平均水平，其煤炭的污染就能大幅度降低。此外，电能替代燃油，还能进一步大幅度降低机动车在城市的污染问题（北京、杭州、广州、上海、天津等机动车为首要或次要污染物）。要快速解决我国的雾霾污染问题，优化煤炭的使用是最有效、最关键的措施。

从现有的技术和经济性来看，常规污染物的控制已不构成对煤电发展的关键性约束条件。即使按照现有的环保技术，散烧煤换为电煤后，电力污染物排放总量也不会提高，但从根本上解决了煤炭对大气环境质量的影响。

第7章　煤电污染物减排现状

7.1　大气污染物排放与控制

截至 2019 年年底，全国达到超低排放限值的煤电机组约 8.9 亿 kW，约占全国煤电总装机容量的 86%；其中，东、中部地区煤电超低排放改造已基本完成，西部地区加快煤电超低排放改造，到 2020 年年底，全国所有具备改造条件的燃煤机组均将实现超低排放。

7.1.1　烟尘

2019 年，全国电力烟尘年排放量约 18 万 t，比上年下降约 12.2%；单位火电发电量烟尘排放量（即烟尘排放强度）约 0.038 g/（kW·h），比上年下降约 0.006 g/（kW·h）。1979~2019 年，全国电力烟尘年排放量下降了约 582 万 t，降幅达 97.0%；单位火电发电量烟尘排放量下降约 25.85 g/（kW·h），降幅达到 99.9%。

1979~2019 年全国火力发电厂烟尘排放情况如图 7-1 所示。

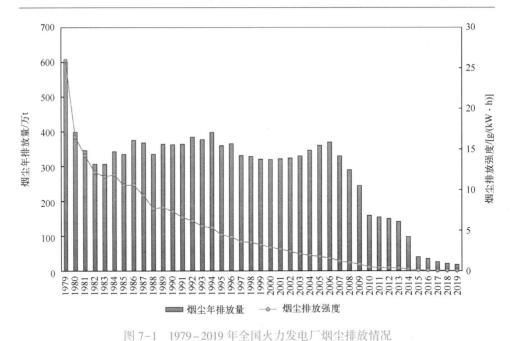

图 7-1　1979~2019 年全国火力发电厂烟尘排放情况

注: 烟尘排放量来源于电力行业统计分析, 统计范围为全国装机容量 6000 kW 及以上火电厂。

7.1.2　二氧化硫

2019 年, 全国电力二氧化硫年排放量约 89 万 t, 比上年下降约 9.7%。2019 年, 单位火电发电量二氧化硫排放量 (即二氧化硫排放强度) 约 0.186 g/(kW·h), 比上年下降 0.025 g/(kW·h)。1980~2019 年, 全国电力二氧化硫年排放量由 1980 年的 245 万 t 升至 2006 年峰值 1350 万 t 左右, 随后逐年下降, 2019 年全国电力二氧化硫年排放量较峰值下降了约 1261 万 t, 降幅达 93.4%; 单位火电发电量二氧化硫排放量较 1980 年下降约 9.9 g/(kW·h), 降幅达到 98.2%。

1980~2019 年全国电力二氧化硫排放情况如图 7-2 所示。

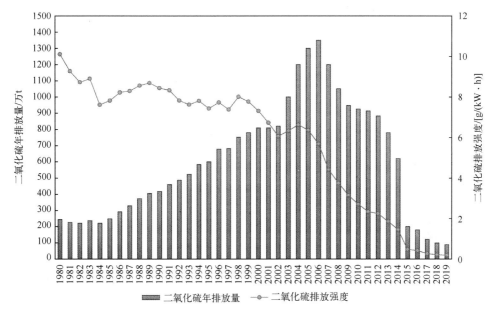

图 7-2　1980~2019 年全国电力二氧化硫排放情况

注：全国电力二氧化硫排放量数据来源于电力行业统计分析，

统计范围为全国装机容量 6000 kW 及以上火电厂。

7.1.3　氮氧化物

2019 年，全国电力氮氧化物年排放量约 93 万 t，比上年下降约 3.1%。2019 年，单位火电发电量氮氧化物排放量（即氮氧化物排放强度）约 0.195 g/（kW·h），比上年下降 0.011 g/（kW·h）。2005~2019 年，全国电力氮氧化物年排放量由 2005 年的 740 万 t 升至 2011 年峰值 1003 万 t 左右，随后大幅下降，2019 年全国电力氮氧化物年排放量较峰值下降了约 910 万 t，降幅达 90.7%；单位火电发电量氮氧化物排放量较 2005 年下降约 3.43 g/（kW·h），降幅达到 94.6%。

2005~2019 年全国电力氮氧化物排放情况如图 7-3 所示。

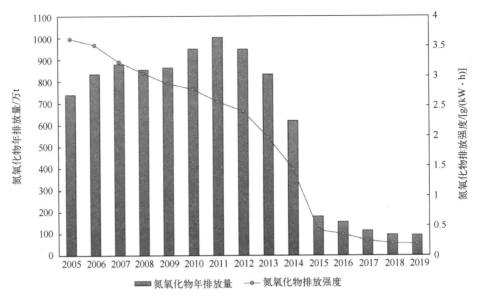

图 7-3   2005~2019 年全国电力氮氧化物排放情况

注：全国电力氮氧化物排放量来源于电力行业统计分析，统计

范围为全国装机容量 6000 kW 及以上火电厂。

7.2   废水排放与控制

2019 年，全国火电厂单位发电量耗水量为 1.21 kg/(kW·h)，比上年降低 0.02 kg/(kW·h)；单位发电量废水排放量为 0.054 kg/(kW·h)，比上年降低 0.003 kg/(kW·h)。2000～2019 年，全国火电厂单位发电量耗水量下降约 2.89 kg/(kW·h)，降幅达 70.5%；单位发电量废水排放量下降约 1.31 kg/(kW·h)，降幅达到 96.1%。

2000~2019 年全国火电厂单位发电量耗水量和废水排放情况如图 7-4 所示。

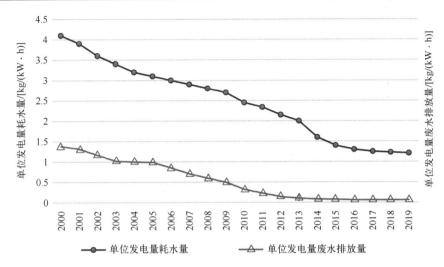

图 7-4　2000~2019 年全国火电厂单位发电量耗水量和废水排放情况

注：数据来源于电力行业统计分析，统计范围为全国装机容量 6000 kW 及以上火电厂。

7.3　固体废弃物排放与综合利用

2019 年，全国火电厂产生粉煤灰约 5.5 亿 t，比 2000 年增加 4.1 亿 t；综合利用量为 4.0 亿 t，比 2000 年增加 3.2 亿 t，综合利用率约为 72%，比 2000 年提高 12 个百分点。2019 年，全国火电厂产生脱硫石膏约 8200 万 t，比 2005 年增加 7700 万 t；综合利用量为 6150 万 t，比 2005 年增加 6100 万 t，综合利用率约 75%，比 2005 年提高 65 个百分点。

2000~2019 年全国火电厂粉煤灰产生与利用情况如图 7-5 所示，2005~2019 年全国火电厂脱硫石膏产生与利用情况如图 7-6 所示。

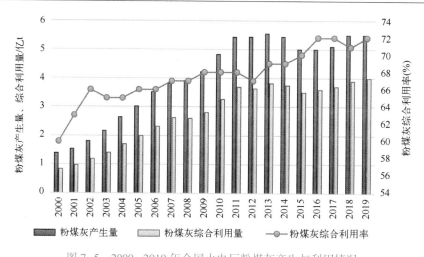

图 7-5 2000~2019 年全国火电厂粉煤灰产生与利用情况

注：数据来源于电力行业统计分析，统计范围为全国装机容量 6000 kW 及以上火电厂。

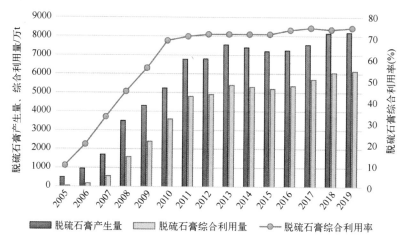

图 7-6 2005~2019 年全国火电厂脱硫石膏产生与利用情况

注：数据来源于电力行业统计分析，统计范围为全国装机容量 6000 kW 及以上火电厂。

第8章 煤电废气控制技术及发展方向

8.1 主流污染物控制技术

8.1.1 除尘技术

目前，燃煤电厂广泛采用的除尘技术包括电除尘技术、电袋复合除尘技术及袋式除尘技术。其中伴随着技术的发展，电除尘多项新技术已在燃煤电厂得到应用，如低低温电除尘技术、新型电源及控制技术、移动电极电除尘技术等。

国外绝大部分国家都将电除尘器作为烟尘控制的首选技术，如欧盟国家电除尘器占85%左右；美国电除尘器占73%左右（原采用袋式除尘器较少，但由于采用旋转喷雾半干法脱硫工艺的增加，袋式除尘器的应用逐渐增多，近10年来该比例已从14%上升至27%）；日本燃煤电厂绝大部分采用电除尘器；虽然印度大部分煤种具有高灰分、高比电阻、低热值、低硫及低 Na_2O 等特性，电除尘器对粉尘的收集比较困难，但仍采用了多电场和大比集尘面积 [电场数量高达10个、比集尘面积达 $250\,m^2/(m^3/s)$ 以上]，其燃煤电厂90%以上均使用电除尘器；澳大利亚电除尘器比例在80%左右；中国燃煤电厂主要采用电除尘技术，截至 2018 年年底，配置电除尘器的燃煤机组约占全国燃煤机组总容量的 66%，袋式及电袋复合除尘器比例上升速度加快。

1. 低低温电除尘

低低温电除尘是在电除尘前增设热回收器，降低除尘器入口温度，利用了烟气体积流量随温度降低而变小和粉尘比电阻随温度降低而下降的特性。随温度降低，粉尘比电阻减少至 $10^{11}\Omega\cdot cm$ 以下，此时的粉尘更容易被捕集；同时，随着烟气温度降低，烟气体积流量下降，在电除尘通流面积不变的情况下，流速明显降低，从而增加了烟气在电除尘内部的停留时间，所以，烟气流经电除尘器的温度范围在 80~100℃时，除尘系统效率将会明显提高。回收的热量目前主要有两种用法，一种是 MGGH（Mitsubishi Gas-Gas Heater），即在吸收塔后增加再加热器，利用烟气余热抬升烟气温度，防止下游设备腐蚀，无烟气泄露，可以基本消除白烟及石膏雨；另一种是低温省煤器，即将回收的热量用于加热汽机房凝结水。两种改造路线各有优势，MGGH 具有很好的环保效果，而低温省煤器则可以有效降低煤耗，提高经济性。

2. 电除尘器新型高压电源及控制技术

电除尘器新型高压电源及控制技术即主要对高压和控制系统进行一定升级，以提高除尘效率，典型技术有高频电源、三相工频高压电源及脉冲电源等。以高频电源为例，该技术采用现代电力电子技术，将三相工频电源经三相整流成直流，经逆变电路逆变成 10 kHz 以上的高频交流电流，然后通过高频变压器升压，经高频整流器进行整流滤波，形成几十千赫兹的高频脉动电流供给电除尘器电场，提高了除尘效率。

3. 袋式除尘器

袋式除尘器是利用过滤元件（滤料）将含尘气体中固态、液态微粒或有害气体阻留分离或吸附的高效除尘设备。袋式除尘器的工况是过滤和清灰交替反复进行的非稳态过程。袋式除尘器按过滤方式分为内滤式和外滤式；按进风方式分为侧进风和灰斗下进风等；按清灰方式分为脉冲喷吹清灰和反吹风清灰。目前主流的袋式除尘器通常采用外滤式、侧进风和脉冲喷吹清灰的方式。

4. 电袋复合除尘器

电袋复合除尘器是有机结合了电除尘和袋式除尘的特点，通过前级电场的预收尘、荷电作用和后级滤袋区过滤除尘的一种高效除尘器，充分发挥电除尘器和袋式除尘器各自的除尘优势，以及两者相结合产生新的性能优点，弥补了电除尘器和袋式除尘器的除尘缺点。该复合型除尘器具有效率高、稳定的优点，目前在国内火力发电机组尤其是中小型机组中应用较多，最近国内部分大型机组也开始使用电袋复合除尘器。

5. 湿式电除尘器

湿式电除尘器和与干式电除尘器的收尘原理相同，都是靠高压电晕放电使得粉尘荷电，荷电后的粉尘在电场力的作用下到达集尘板/管。沉积在极板上的粉尘可以通过水将其冲洗下来。湿式清灰可以避免已捕集粉尘的再飞扬，达到很高的除尘效率。因无振打装置，烟尘没有二次飞扬。自 2014 年以来，国内燃煤电厂加快了脱硫后湿式除尘器（WESP）的应用步伐。从前期实现超低排放的电厂看，大部分都加装了 WESP。目前，我国采用 WESP 的项目数量及其容量已经远远超过了世界已有 WESP 总和。

除湿式电除尘器外，上述技术在一定条件下，可以满足烟尘排放浓度为 $20\,mg/m^3$、$30\,mg/m^3$，甚至可以达到 $10\sim15\,mg/m^3$ 或者更低，但仅靠脱硫前的除尘器一般不能满足 $5\,mg/m^3$ 排放要求 [目前出现了超长滤袋和覆膜过滤等技术，过滤精度和使用性能都有所提升，袋式（电袋）除尘器已经能够达到 $10\,mg/m^3$

甚至 5 mg/m^3 以下烟尘排放]。

烟尘控制不仅取决于除尘设施，还受到湿法脱硫对烟尘洗涤及烟气携带含石膏颗粒的浆液的影响。液滴携浆与烟气流速、除雾器、塔内流场、喷淋液滴粒径等都密切相关，如携带严重时，即便是电除尘改为袋式或电袋复合除尘器，也有可能因脱硫后烟气携浆而无法实现烟尘的普通限值达标排放。"十一五"以来，脱硫除雾器多选用两级除雾器，部分项目为降低造价，且当时对液滴携带无严格控制要求，采用了除雾效果较差的平板式除雾器。近年来，部分机组采用脱硫反应塔加装托盘，在增加脱硫效率的同时优化了流场，为降低携带影响，平板式除雾器改为屋脊式除雾器并加装一层管式除雾器（或设三层屋脊式除雾器）等方式以发挥其应有作用。

当前，除尘改造的一般技术路线选择有三种。

1）（低低温）电除尘器（采用提效措施）+吸收塔除尘+湿式除尘器：电除尘器配合各类提效措施，如移动电极技术、分室振打技术、高频电源等，使电除尘器出口浓度不大于 20 mg/m^3。考虑吸收塔的整体除尘效果后，再配置 70% 左右除尘效率的湿式除尘器，烟尘排放可达到 5 mg/m^3。如浙能六横电厂。

2）低低温电除尘器+高效除尘吸收塔：采用低低温电除尘器，使电除尘器出口浓度不大于 15~20 mg/m^3，采用高效除尘吸收塔后，烟尘排放可达到 5 mg/m^3。如华能长兴电厂。再如，云冈电厂采用国内某公司研发的高效管束除尘除雾装置，代替常规除雾器，使烟尘排放由原来的 20 mg/m^3 降至 5 mg/m^3。

3）电袋或袋式除尘器+高效除尘吸收塔：其技术原理与 2）相同。

8.1.2　脱硫技术

二氧化硫的控制主要采用高效石灰石-石膏湿法烟气脱硫（WFGD）装置。针对二氧化硫超低排放控制新要求，我国燃煤电厂采取了新型喷嘴、喷淋层优化布置、增设托盘、性能增强环等强化技术。该类技术有效地提升了WFGD 单塔的脱硫效率，采用上述技术后脱硫效率可提升至 98% 以上。此外，针对含硫量较高的煤种，单塔双循环技术以及串级吸收塔技术同样可满足工艺要求，脱硫效率可达 99% 以上。二氧化硫实现超低排放的技术途径如图 8-1 所示。

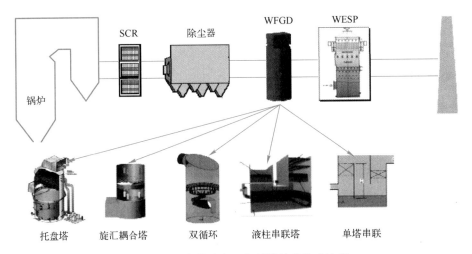

图 8-1　二氧化硫实现超低排放的技术途径

8.1.3　氮氧化物控制技术

长期以来，我国火电厂所采用的低 NO_x 排放技术措施主要是"低 NO_x 燃烧+选择性催化还原（SCR）技术"，极个别电厂采用"低 NO_x 燃烧系统+选择性非催化还原（SNCR）技术"或"低氮燃烧+SNCR+SCR"。在超低排放改造前，大部分火电厂脱硝反应器加装一层或者二层催化剂。超低排放后，主要依赖增加催化剂来实现更低的 NO_x 排放浓度。

8.1.4 大气汞控制技术

目前，燃煤汞排放的控制技术主要有三种：燃烧前控制、燃烧中控制和燃烧后控制。燃烧前控制主要包括洗选煤技术和煤低温热解技术；燃烧中控制主要通过改变燃烧工况和在炉膛中喷入添加剂等；燃烧后控制主要有两种，一是基于现有非汞污染物控制设施的脱汞技术，包括选择性催化还原法脱硝技术、电除尘或袋式除尘技术、脱硫技术等对汞的协同控制作用，以及在上述技术的基础上通过添加氧化剂、吸附剂、稳定剂、络合（螯合）剂等方式，实现更高的汞控制效果；二是单项脱汞技术，如可采用活性炭、金属吸收剂等脱汞新技术/新工艺，实现汞的高效控制。燃煤电厂汞排放主要控制技术分类如图 8-2 所示。

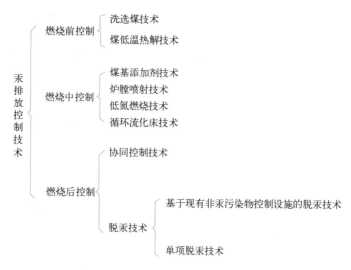

图 8-2 燃煤电厂汞排放主要控制技术分类图

1. 燃烧前控制

燃烧前控制的主要手段是洗煤。微量有害元素富集在煤的矿物杂质中，如煤中汞与黄铁矿物密切相关，根据其间的相关性采用传统的重介选和泡沫浮选，以及更先进的洗选煤技术能减少煤中的汞含量，达到减排燃煤汞排放的目的。有研究表明，传统的洗选煤技术能够去除煤中约38.8%的汞，而先进的化学物理洗选煤技术去除率能够达到64.5%。与燃烧后净化设备去除相比具有较大的经济效益优势。此外，煤炭洗选可有效减少烟尘、二氧化硫等的排放，提高锅炉效率，节约运输成本。2019年，我国原煤入洗率为73.2%，与西方国家90%以上的洗选比例还有一定的差距。

2. 燃烧中控制

目前，针对燃烧过程中控制汞排放的研究较少，但针对其他非汞污染物而采用的一些控制技术，不同程度地将烟气中元素态汞转化成氧化态汞，从而利于后续非汞污染物控制设施的吸附和捕集。主要技术包括：

1）煤基添加剂技术。即在煤上喷洒微量的卤素添加剂，利用其在燃烧过程中释放的氧化剂，将元素汞转化为二价汞（Hg^{2+}）。

2）炉膛喷射技术。即在炉膛的合适位置，直接喷射微量氧化剂、催化剂或吸附剂等，提高Hg^0氧化成Hg^{2+}的比例或直接吸附汞。

3）低氮燃烧技术。其炉内温度相对较低，利于烟气中氧化态汞的形成。

4）循环流化床技术。一是颗粒物在炉内滞留时间较长，增加了颗粒对汞的吸附作用；二是其炉内温度相对较低，利于二价汞（Hg^{2+}）的形成。

3. 燃烧后控制

协同控制技术是利用现有的非汞污染物控制设施（如脱硝、除尘和脱硫设施）对汞的协同控制作用，降低汞的排放。该技术是目前控制汞排放最经济、最实用的技术。典型的SCR+ESP/FF+WFG的组合，其对汞的协同控制作用，可减少汞排放60%~90%。

目前，脱汞技术主要基于现有非汞污染物控制设施的协同控制作用，通过添加剂的氧化、吸附、洗涤、螯合、络合等作用，实现更高的汞脱除效果，如脱硝设施中改性催化剂对汞的氧化技术、除尘设施前吸附剂的喷射技术、脱硫设施中稳定剂固汞防逸技术、脱硫废水中络合剂絮凝固汞技术等。

8.2　技术路线及经济性分析

8.2.1　超低排放技术路线

燃煤电厂大气污染控制是一个系统工程，各种环保技术的选择都应坚持三个基本原则：一是坚持安全可靠、技术成熟、经济合理，便于运行、维护、检修，满足污染物长期稳定达标排放的原则；二是坚持因地制宜，因煤制宜，因炉制宜，因现有环保设施情况制宜的原则；三是坚持污染物减排与节能工作统筹考虑，各种环保技术工艺间统筹考虑的原则。对于新建机组而言，应在设计阶段充分考虑污染物系统控制的作用。对于现有机组而言，应在充分挖掘现有设施潜力的前提下，提高煤质管理水平，如对脱硫脱硝除尘多项环保设施改造时应统筹考虑技术路线（含流场优化、引增合一、余热利用、环保技术改造等）；对于能够通过煤质掺烧和调整能够实现排放要求的，应通过技术经济比较确定是否进行相应环保设施改造。

1. 除尘技术路线

对于新建机组，在煤种合适的条件下（电除尘器对燃煤煤种的除尘难易性评价），主要采用低低温静电除尘器，也可以考虑采用旋转极板静电除尘器、低温省煤器+旋转极板静电除尘器结合等方案。当灰分特性不适合电除尘器时，可以考虑采用电袋复合除尘器或者袋式除尘器。对于现有机组，应充分挖掘现有除尘器的潜力,如原有除尘器不能满足要求应进行技术改造或者更换除尘工艺。

除尘器出口烟尘浓度应按 15~40 mg/m³ 或者更低值控制(视后续其他除尘设施的性能确定)。通过优化流场、优化除雾器配置来提高湿法脱硫装置的除尘能力,如采用三级除雾器或其他除雾形式等。如能通过除尘器和脱硫设施的设计(改造),且经济投入不大即可实现烟尘排放要求的项目可不设湿式电除尘器;对于即便改造除尘器和脱硫装置仍不能达到控制要求,或者改造经济投入太大的项目,可直接采用湿式电除尘器;对于两种方式都适用的项目通过技术经济比较后确定技术选择方式。

2. 脱硫技术路线

二氧化硫的控制主要采用高效石灰石–石膏湿法烟气脱硫装置(单塔双循环、单/双托盘技术、增效环技术等,结合优化的除雾器和喷淋层设计。主要依据硫分确定)。对于含硫量小于 1.5% 的煤种,当脱硫效率不高于 99% 时,可以满足 35 mg/m³ 的排放要求。当含硫量大于 1.5% 时,采用单塔不能满足超低排放要求,可以考虑采用串联塔、双塔双循环的脱硫工艺。部分项目在确定采用单塔或者双塔时应根据煤质预期变化、技术经济分析等因素统筹考虑确定。

3. 脱硝技术路线

常规煤粉炉通过高效低氮燃烧器在不降低锅炉效率的前提下努力减少氮氧化物的生成量。当脱硝效率在 85% 以下时,可采用 2+1 的催化剂方案 [脱硝反应器布置 3 层催化剂层,实际安装 2 层催化剂,预留 1 层催化剂层(不安装催化剂)];对于燃烧贫煤、无烟煤等低挥发分的煤种,脱硝效率可能会要求达到 85%~90%,需采用 3+1 [脱硝反应器布置 4 层催化剂层,实际安装 3 层催化剂,预留 1 层催化剂层(不安装催化剂)] 或更高的催化剂方案,亦可采用 SNCR+SCR 方案,具体应通过技术经济比较后确定方案。

循环流化床锅炉可采用低氮燃烧技术+旋风分离器型 SNCR 方式实现超低排放。

对于低负荷下省煤器出口烟气温度低于烟气脱硝最低连续运行喷氨温度的机组，可通过锅炉燃烧运行方式调整，设置省煤器烟气旁路、省煤器水旁路、两段式省煤器、给水加热等措施提高脱硝装置运行烟气温度。

8.2.2　环保改造成本分析

根据测算，典型 300 MW 等级机组增加的环保改造成本为 1.47 分/(kW·h)；600 MW 等级机组增加 1.08 分/(kW·h)；1000 MW 等级机组增加 0.82 分/(kW·h)。由于项目间改造范围差距较大，因此得出的结论差异可能较大，如根据相关报道，黄台电厂、白杨河电厂增加的环保电价分别为 2.5 分/(kW·h)、2.7 分/(kW·h)。必须指出的是，本测算未考虑现有脱硫电价、脱硝电价不足或富裕的问题。在不考虑环境税变化（注：如环境税按 1.26 元/kg 计算，减少的成本对电价影响很小）、考虑投资资金回报率的典型机组环保电价增加情况见表 8-1。

表 8-1　典型机组环保电价增加情况　　　　［单位：分/(kW·h)］

项　　目	300 MW 机组	600 MW 机组	1000 MW 机组
增加脱硫电价（含税）	0.70	0.55	0.40
增加脱硝电价（含税）	0.33	0.23	0.16
WESP 增加电价（含税）	0.438	0.296	0.257
合计	1.47	1.08	0.82

按现有除尘电价为 0.02 分/(kW·h)、脱硫电价为 1.5 分/(kW·h)、脱硝电价为 1 分/(kW·h) 测算污染物控制成本，以及按照典型超低排放改造项目

测算削减污染物单位成本见表 8-2。300 MW 等级机组达到普通标准污染物控制单位成本与超低排放增量污染物控制单位成本对比如图 8-3 所示。

表 8-2　典型超低排放改造项目测算削减污染物单位成本

机 组 容 量	300 MW 机组	600 MW 机组	1000 MW 机组
二 氧 化 硫			
二氧化硫原始脱除量/(kg/h)	4683	8102	10880
改造前二氧化硫控制成本/(元/kg)	0.96	1.11	1.38
二氧化硫增加削减量/(kg/h)	110	191	256
二氧化硫削减增量成本/(元/kg)	19.06	17.31	15.63
氮 氧 化 物			
氮氧化物原始脱除量/(kg/h)	344	596	800
改造前氮氧化物控制成本/(元/kg)	8.71	10.07	12.50
氮氧化物增加削减量/(kg/h)	110	191	256
氮氧化物削减增量成本/(元/kg)	8.98	7.24	6.25
烟　尘			
烟尘原始脱除量/(kg/h)	27520	47612	63936
改造前烟尘控制成本/(元/kg)	0.02	0.03	0.03
烟尘增加削减量/(kg/h)	21	36	48
烟尘削减增量成本/(元/kg)	63.60	49.69	53.54

注：由于达到普通标准的污染物成本按国家规定电价，且大小技术实施同一电价，故得出了 1000 MW 机组成本高于 300 MW、600 MW 机组成本情况，实际上应是机组容量越大，污染物成本控制越低。

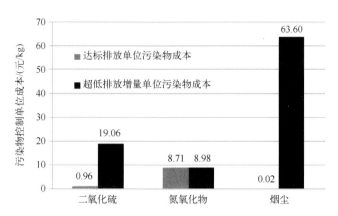

图 8-3　300 MW 等级机组普通标准与超低排放增量污染物控制单位成本对比

从图 8-3 可以看出，二氧化硫超低排放削减增量的成本是改造前成本的近 20 倍，烟尘削减增量成本是原成本的 3180 倍。大部分情况下，环保设施的改造必然会造成增量污染物控制成本的急剧提高。而美国、日本、欧盟等一般也不修订现有煤电污染物的控制要求，仅是对新建机组提出更高要求，以便机组在设计时就统筹考虑各因素，降低污染物控制成本。

由于脱硝改造仅增加了一层催化剂（改造范围相对较小），且改造前脱硝反应器入口浓度与出口浓度差值较小，造成超低排放氮氧化物单位污染物控制成本变化不大。但如果考虑启停机 NO_x 控制问题，进行省煤器烟气旁路、省煤器水旁路等低负荷改造，则 NO_x 增量控制成本大幅提高。

8.3　技术发展方向

结合国内外污染物技术的现状及发展趋势，预计燃煤电厂大气污染物控制技术的发展如下：基于当前处于国际领先水平并持续改进的电除尘、袋式除尘和电袋复合除尘技术，以石灰石–石膏湿法为代表的脱硫技术，以低氮燃烧技术和选择性催化还原法为主的氮氧化物控制技术，到 2030 年左右，研发应用高性能、高可靠性、高适用性、高经济性的电除尘技术（如绕流式、气流改向式、膜式、烟尘凝聚、超细粉尘捕集等）、袋式除尘技术、电袋复合除尘技术、脱硫技术（主要以区域划分的资源化脱硫技术，如氨法、有机胺、活性焦；水资源缺乏地区的干法脱硫技术）、氮氧化物控制技术（低氮和低温脱硝为主），以及多污染协同控制技术，同时，规模采用重金属控制技术。到 2050 年左右，以更高性能、更经济性的新型污染物控制技术和多污染协同控制技术为主流发展方向。

第9章 煤电废水控制技术及发展方向

火电厂工业废水包括经常性排水和非经常性排水两部分。经常性排水包括锅炉补给水处理再生废水、化学实验室排水、凝结水精处理再生废水、澄清过滤设备排放的泥浆废水、锅炉排污水、生活污水、冲灰废水及烟气脱硫废水等；非经常性排水包括锅炉化学清洗废水、空气预热器冲洗废水、机组启动排水、凝汽器/冷却塔冲洗废水及煤场废水等。这些废水中含有多种有害物质，会对电厂周围一定范围的水源造成污染，导致水质恶化，甚至会破坏生态环境。此外，开式系统的废热由冷却水带出排放，温排水会对水体产生一定热污染。

火电厂废水处理过程是将废水中含有的各种污染物与水体分离，使其净化的过程。火力发电厂工业废水处理的方法一般分为物理处理法、化学处理法、物理化学处理法和生物处理法。物理处理法一般有调节、离心分离、沉淀、除油及过滤等。化学处理法有中和、化学沉淀及氧化还原等。物理化学处理法有混凝、气浮、吸附、离子交换及膜分离等。生物处理法有好氧生物处理和厌氧处理法。

9.1 脱硫废水处理

9.1.1 脱硫废水常规处理方式

根据脱硫废水（一般由石灰石-石膏湿法脱硫装置产生）水质特点，首先利用消石灰进行处理，一方面可以将废水中大部分重金属离子以氢氧化物沉淀的形式去除，另一方面消石灰也可起到絮凝剂作用。

根据石灰石–石膏湿法烟气脱硫工艺的特点，浆液 pH 值通常控制在 5.0~5.5 之间，因此脱硫过程中排出废水的 pH 值基本为 5.0~5.5。石灰处理过程首先是利用消石灰与废液中的酸发生中和反应，中和反应完成后过量的氢氧根离子继续与废液中的重金属离子反应，生成重金属离子的氢氧化物沉淀。此时对大多数重金属离子的氢氧化物沉淀而言，pH 值控制在 8.0~9.0 之间。

通常废水中的重金属有两种不同类型：一种含有游离重金属离子，另一种则以螯合物形式存在。游离重金属离子通常采用碱化处理方法很容易被去除，但螯合形态的重金属离子的溶度积往往远低于其氢氧化物形态的溶度积，通过碱化处理不能将该类重金属离子以氢氧化物沉淀的形式去除，为此需进一步投加有机硫化物以去除该类重金属离子。

脱硫废水中大部分溶解的重金属离子可通过添加熟石灰中和形成氢氧化物沉淀，但对某些重金属尤其是汞，用中和处理的方法不能达到令人满意的效果，因为脱硫废水中含有大量的溶解性氯化物，汞在该环境下可与氯离子形成一种可溶且非常稳定的汞–四氯合成物 $[Hg(Cl_4)^{2-}]$，该氯合物在中和处理过程中不能通过沉淀的形式被去除。

因此在脱硫废水的处理过程中通常采用有机硫化物（如 TMT15）来除去其中的重金属离子。实际处理过程中通常采用添加有机硫化物方式，中和后添加一定剂量的有机硫化物，可产生一种由金属氢氧化物和金属有机硫化物构成的沉淀，大大提高了重金属离子去除的效率。

9.1.2　其他处理方式

1）排入渣水系统。常规处理后的脱硫废水排入电厂水力排渣系统（如有），废水中的重金属与碱性的渣水发生反应，渣水处理系统的过滤作用可以截留废水中的杂质以及渣水与脱硫废水中和反应生成的固体废物，达到去除废水中杂质的目的。但是由于废水中的氯离子浓度很高，对渣水系统的金属管道有腐蚀作用。

2）烟道气蒸发。脱硫废水经过雾化处理后喷入烟道，利用高温烟气使废水中的蒸发结晶，并在除尘器中随烟尘一起脱除。该方法一般会增加能耗，粉煤灰中的氯离子浓度应密切关注。

3）反渗透。常规处理后的脱硫废水，经过微滤（MF）预处理后进入反渗透系统。该方法处理分离出来的净水水质较好，但是过程中产生的浓水仍不好处置。

4）蒸发结晶。常规处理后的脱硫废水，再使用苏打水对其进行软化处理，使废水中的 $CaCl$ 和 $MgCl$ 转化为 $NaCl$，$CaSO_4$ 转化为 Na_2SO_4，软化过程产生的 $CaCO_3$ 可返回脱硫吸收塔循环使用。软化后的废水进入蒸发结晶系统进行蒸发和结晶，结晶盐可作为副产品进行销售。

9.2 化学工艺废水处理

化学水处理工艺废水主要是离子交换设备在再生和冲洗过程中，会外排部分再生废水，其废水量约为处理水量的1%，这部分废水虽然量不大，但水质很差，常含有大量的酸，碱有机物含量也很高。目前许多电厂常用中和池来处理再生过程中所排放的废酸、废碱液。由于酸碱中和反应的特性、阴阳离子交换器运行周期不同步性、每周期再生时的排酸和排碱量不确定性等因素，使得中和池在处理时，运行效果不太理想，排水的 pH 值不稳定，中和时间过长，能耗、酸碱耗量高。目前，国内已有很多电厂将中和池废水引入冲灰系统，排入冲灰管路，由灰浆泵直接排至灰场。

9.3 工业冷却排水处理

根据工业冷却排水的水质特点，该类水中的油大部分呈乳化状，需先通过投加破乳剂进行破乳处理，接着通过气浮将游离油和悬浮物进行去除。工业冷却排水处理流程如下：将工业冷却排水先收集到缓冲收集池，再通过泵送入反应池，反应池中投加破乳剂，经破乳处理后的废水流入接触池，与溶解空气接触，经气泡的吸附作用，废水中的浮油和悬浮物在气浮池中得以从水体中分离出来，通过刮渣机刮除。气浮处理后的部分清水再经活性炭过滤处理，用作锅炉补给水处理系统水源和电厂脱硫岛工艺用水，其余未经活性炭过滤处理的清水直接用作凝汽器冷却水系统补水。

9.4 预处理站排泥水处理

根据预处理站排泥水的水质特点，该类废水主要悬浮物含量超标，通过浓缩、脱水方式去除水中悬浮物，其中的滤液再返回澄清池，而产生的泥饼运往灰场。该类废水的处理过程如下：排泥水收集到污泥缓冲池，再通过泵送入带式浓缩脱水一体机，辅以投加脱水助剂，废水中的悬浮物以泥渣形式得以去除，滤液再返回澄清池。

9.5 含油废水处理

电厂中含油废水主要来源于油罐区及燃油泵房冲洗和雨水排水、油罐脱水，废水中含油量一般为 50~800 mg/L，主要采用重力分离（隔油）、气浮、吸附过滤方法处理，水中含油达 5 mg/L 后排放或回收利用，油可回收。含油废水处理流程如下：含油废水先收集到隔油池，再通过泵送入气浮处理设备中，废水中的浮油和悬浮物在气浮设备中得以从水体中分离出来，通过刮渣机刮除。气浮处理后的部分清水再经活性炭过滤处理，用作电厂脱硫岛工艺用水。

9.6 非经常性废水处理

非经常性废水中主要超标项为 pH 值、SS（悬浮物）和 COD（化学需氧量）。虽然非经常性废水一次排水量很大，但由于其排水的间断性，且其水质与脱硫废水水质的相似性，可先通过一缓冲储存池储存后，再与脱硫废水混合一起处理。

9.7 含煤废水处理

煤场及输煤系统排水包括煤场的雨水排水、灰尘抑制和输煤设备的冲洗水等，其 SS、pH 和重金属的含量可能超标。火力发电厂输煤系统冲洗水比较污浊，带有大量煤粉。国外电厂处理煤场排水的工艺流程一般如下：从煤场雨排水汇集来的水，先进入煤水沉淀调节池，然后泵入一体化净水设备，同时加入高分子凝聚剂进行混凝沉淀处理，澄清水排入受纳水体或再利用，沉淀后的煤泥用泵送回煤场。

针对火力发电厂煤场废水的特点，最近新研究设计出的序批式煤水回收处理工艺，对于浓度在 1000~3000 mg/L 的煤场废水，处理后的出水浊度可降至 20NTU 以下，工艺系统简单投资不大，可完全满足回收要求。

9.8 生活污水处理

电厂生活污水的处理方法与城镇生活污水类似，但电厂生活污水中污染物浓度较低，BOD_5（五日生化需氧量）和 SS 一般在 $20 \sim 30\,mg/L$，传统的活性污泥处理法适用于污染物浓度高、水质稳定的污水，而用于火电厂生活水处理基本上无法运行，由于有机物浓度较低，调试启动与运行困难，有时要人为地往污水中加入有机物进行调整（如粪便等），但生化处理效果仍不理想。有些电厂生化处理设施只能起到二级沉淀和一般曝气作用，造成生化处理系统设备闲置、浪费。采用生物接触氧化法是解决此类生活污水处理的最有效途径，即在生化曝气池中装置填料，并在不长的时间内使填料迅速挂满生物膜，污水以一定速度流经其中，在充氧条件下，与填料充分接触的过程中，有机物被生物膜上附着的微生物所降解，从而达到污水净化的目的。低浓度下接触氧化池中生物膜能否形成及成膜后能否保持良好、稳定的活性是接触氧化法处理的关键。多年来对电厂低浓度生活污水处理进行的研究表明，在低浓度下培养并驯化生物膜，COD_{Cr}（用重铬酸钾为氧化剂测出的需氧量）、BOD_5 的去除率分别达到 75% 和 85%。近几年来，国内很多电厂对生活污水的中水回用高度重视，经过接触氧化法处理后的电厂生活污水可作为中水使用，广泛用于电厂绿化用水、冲洗用水等。对于水资源紧缺的电厂，也可考虑将处理后的生活污水再进一步深度处理，用作电厂循环冷却水系统的补充水。此外，生活污水也可用于冲灰水系统。

9.9 灰渣（冲灰）水处理

灰渣（冲灰）水：影响冲灰水特性的因素既取决于灰（渣）本身的成分，

又取决于冲灰原水的缓冲能力、水灰比、除尘方式和运行工况。而灰本身的特性则取决于煤的来源、燃烧方式、灰熔温度和除尘效率等，资料表明，冲灰水的 pH 值范围为 3.3~12，其中碱性占多数，悬浮物的含量高达 1000~10000 ppm。灰渣水的其他指标一般均合乎排放要求。

由于灰渣水是连续排放的，水量很大，故灰渣水的处理对火电厂的废水处理及回用意义十分重大。为了使灰水 pH 值符合排放标准，一般采用酸碱中和、稀释、炉烟处理和灰渣水回收闭路循环等方法。为了使灰渣水的悬浮物不超标，关键是让电厂的灰池（灰渣沉淀池）得到改进、提高灰场的管理水平，必要时辅之以适当的处理，如有的电厂采用了凝聚沉淀等处理方式。

9.10 技术发展方向

在所有经常性废水中，脱硫废水成分复杂，具有高浊度、高盐分、强腐蚀性及易结垢等特点，采用国内外传统处理工艺，处理后出水水质盐分含量仍会很高，尤其氯离子含量基本不变，且不能复用，处理技术要求相对较高。如何实现该废水以及其他高盐废水的零排放，同时降低能耗，是电厂废水控制技术的主要发展方向。对于有废水零排放需求的电厂，脱硫废水的常规处理+预处理+烟道气蒸发，以及在部分电厂实施常规处理+预处理+蒸发结晶是主流的应用技术。

第 10 章　煤电固废控制技术及发展方向

10.1　粉煤灰综合利用技术

10.1.1　生产建筑材料

1. 粉煤灰制水泥

粉煤灰用于水泥生产主要是两个方面，一是用作水泥活性混合材，二是用于生料配料。粉煤灰用作水泥活性混合材时，在粉煤灰硅酸盐水泥中可掺粉煤灰 20%~40%，生产普通硅酸盐水泥时，一般掺加 8% 的粉煤灰，生产复合水泥时也可掺加粉煤灰；国内新型干法水泥在生料配料时，一般掺加 5%~10% 的粉煤灰。

2. 粉煤灰砖

国内以粉煤灰为主要原料制砖，包括免烧砖、烧结砖和蒸压砖等。

3. 粉煤灰加气混凝土

粉煤灰加气混凝土以粉煤灰为基本原料，所占比例可达 70%，生产技术较成熟。粉煤灰加气混凝土干容重只有 500 kg/m³，不到黏土砖的 1/3；热导率为黏土砖的 1/5，具有轻质、绝热、耐火等优良性能。

4. 粉煤灰烧结陶粒

粉煤灰烧结陶粒以粉煤灰为主要原料（粉煤灰约占 80%），掺加少量黏结剂和燃料，经混合成球、高温焙烧而成。其特点是容重轻、强度高、保温、隔热、隔音、耐火。粉煤灰陶粒可用于生产粉煤灰陶粒砌块、保温轻质混凝土、结构轻质混凝土等。该技术已被作为推广技术列入我国资源综合利用技术政策大纲。

5. 粉煤灰制硅酸盐砌块

粉煤灰制硅酸盐砌块是粉煤灰综合利用的重要途径，砌块中粉煤灰比例占80% 以上。粉煤灰空心砌块是一种很好的新型墙体材料，具有空心质轻、砌筑方便、生产方法简单、成本低等特点。

6. 粉煤灰制砂浆

粉煤灰、水泥、砂掺入少量外加剂可以配制砌筑、抹灰、粘面砂浆。由于砂浆在建筑工程中用量很大，可以大量利用粉煤灰。

10.1.2　筑路材料

粉煤灰筑路包括作路面基层材料、代替黏土筑高速公路路堤、作水泥混凝土路面等。粉煤灰用于筑路是一种投资少、见效快、大宗量利用粉煤灰的途径。此种道路寿命长、维护少，可节约维护费用 30%~80%。

1. 作路面基层材料

粉煤灰用于路基一般要和石灰、碎石、砂浆混合作用，其配合比为粉煤灰：石灰：砂石 = 2：1：（3~4）。用粉煤灰作路基能改善道路性能，提高道路使用寿命。粉煤灰路基弹性好，渗透性好，持水能力强，路基稳定性也好。用于道路的粉煤灰要求不严格，一般希望烧失量不大于 15%，烧失量太高不利于路基稳定；要求三氧化硫含量不要太高，否则会对地下金属埋件产生腐蚀。筑路可以用湿灰，但含水率不能大于 40%。

2. 代替黏土筑高速公路路堤

粉煤灰代替黏土筑高速公路路堤，主要有两种方式：一是在粉煤灰中加少量水泥或石灰，作为高速公路路基中间层的铺设材料，具有强度高、压缩性小、固结快的特点，可有效缩短施工周期，减小路面沉降和路面维修工作量；二是采用纯粉煤灰代替黏土，不加水泥或石灰，板体性、水稳定性和冰冻稳定性均好于纯黏土，可缩短施工周期，减小路面沉降。

10.1.3　回填

粉煤灰代替土壤回填可大幅度提高抗压强度，不仅能作为垫层，还可作为工程基础，并具有良好的封闭隔水作用。素灰回填即利用Ⅲ级粉煤灰，不需加工可直接用于工程，其夯实后能达到一定强度。二灰土回填即利用原状粉煤灰：生石灰（8：2），经均匀搅拌和分层夯实而形成的垫层，其承载能力可达到 100 kPa 以上。二灰石回填压实，其板状结构的抗压强度等各项指标远远高于普通的施工方法。

10.1.4　农业

粉煤灰主要用于改良土壤、制作磁化肥、微生物复合肥等。粉煤灰改良土壤，使其容重、比重、孔隙度、通气性、渗透率、三相比关系、pH 值等理化性质得到改善，起到增产效果。用粉煤灰改良黏性土、酸性土效果明显。每亩掺灰量应控制在 15000～30000 kg（累计量），在适宜的施灰量下，对小麦、玉米、水稻、大豆等能增产 10%～20%。但对砂质土不宜掺施粉煤灰。在粉煤灰灰场上种植乔、灌木，可减少扬尘和增加绿化面积。种植前施入适量有机肥和氮肥，对无灌溉条件的山区灰场，严重干旱时可采用挖渠引排灰水灌溉的方式保持一定水分。灰场上推荐种植树种有柳树、荆条、刺槐、紫穗槐等。

10.1.5　提取矿物和高附加值产品

1. 粉煤灰中提取漂珠

漂珠是粉煤灰中的一种微态轻质、中空、表面光滑，能漂在水面上的珠状颗粒，具有微小、空心、轻质、耐磨、耐高温、导热系数小、电绝缘性能好、强度高、无毒无味等特征。

漂珠可制作多种产品：漂珠保温、耐火制品、塑料制品填充料、耐磨制品、橡胶制品填充料及建筑材料、涂料等。其中已批量生产且技术成熟的产品是保温冒口套（冶炼用）、轻质隔热耐火砖和轻质耐火砖。另有批量生产的是塑料填充料、刹车片等。漂珠作塑料填充料可降低成本 1/5，用其填充改性的塑料具有优异的加工性、耐磨性强、表面光亮、柔弹性能好、不结垢、耐腐蚀等特点。生产的刹车片能耐 450℃高温，可用于各种车辆、石油勘探等钻井设备中，价格便宜。漂珠可以生产高强轻质耐火砖和耐火泥浆。漂珠主要利用湿法自然分离取得，如利用水灰场、排灰沟池等捞取。现电厂以干除灰方式为主，干法选取漂珠技术上困难，故漂珠数量在不断减少。

2. 粉煤灰中提取氧化铝

氧化铝是粉煤灰的主要成分之一，其在粉煤灰中的含量（质量分数）一般为 15%~50%，最高可达 58% 左右。从氧化铝含量 40% 以上的高铝粉煤灰中提取氧化铝、白炭黑，同时把产生的废弃物硅钙渣用于联产水泥熟料。内蒙古准格尔地区的粉煤灰中含有较高的氧化铝和氧化硅。熔炼实验表明，在各种熔炼情况下可得到多种参数的硅铝合金，其中包括含有 77% 铝和 23% 硅标准参数的硅铝合金。

10.2　脱硫石膏综合利用技术

10.2.1　水泥缓凝剂

为了调节和控制水泥的凝结时间，一般需掺入石膏作为缓凝剂。用脱硫石膏作水泥缓凝剂时，基本上可以直接取代天然石膏，且制备的水泥性能与用天然石膏作缓凝剂制备的水泥相比并无多大差异，甚至一般情况下，其水泥强度还有一定幅度提高。目前，采用脱硫石膏作为水泥缓凝剂的企业，主要采取两种方式对脱硫石膏进行处理：第一种方式是采取将脱硫石膏与煤矸石、炉渣等其他混合材先按比例进行混合，然后将混合好的原料输送至原料库中进行水泥配料，这样虽然解决了脱硫石膏料湿、发黏的问题，但增加了铲车配料环节，产生扬尘，而且不能保证配合均匀，脱硫石膏及混合材在水泥中的掺入量不稳定，不利于水泥性能的稳定和调整；第二种方式是采用石膏造粒机，将黏性较强的粉末状的脱硫石膏颗粒通过机械外力挤压成球，然后再入原料库，进行水泥配料，这样可以解决配料不稳定的问题，能够有效保证水泥性能的稳定性。一般脱硫石膏造粒后的脱硫石膏价格仍低于天然二水石膏的价格。

在几种工业副产石膏中，脱硫石膏作水泥缓凝剂的效果最好，其成分与天然石膏的相似，在水泥生产中，是天然石膏良好的替代品。

10.2.2　石膏建材

脱硫石膏焙烧成热石膏，用于石膏建材，如粉刷石膏、纸面石膏板、自流平石膏、石膏砌块、石膏抹墙砂浆、陶模石膏、纤维石膏板（包括石膏刨花板）等。

1. 粉刷石膏

粉刷石膏（又称石膏砂浆、石膏干粉砂浆）具有强度高、和易性好、成本低等特点，特别是利用脱硫石膏和粉煤灰混合型粉刷石膏，后期强度均好于单一石膏的产品，其耐水性明显提高。粉刷石膏是符合国家产业政策和建筑节能要求的新型绿色建材，是传统水泥砂浆或混合砂浆的换代产品。国内应用电厂烟气脱硫石膏生产建筑石膏粉、粉刷石膏的厂家较多，产品加工方式多样，市场潜力巨大。

2. 纸面石膏板

纸面石膏板作为建筑装饰材料已被广泛使用，如建筑物中非承重内墙体、室内吊顶材料等。利用脱硫石膏为主要原料生产的纸面石膏板是以脱硫建筑石膏为基材，掺入以纸纤维等外加剂和水混合成石膏料浆，挤压成型纸面石膏板带，经切割干燥而成。利用脱硫石膏生产纸面石膏板在我国近年发展迅速，尤其在江苏和上海等地区电厂的脱硫石膏用于石膏板生产企业的较普遍。据相关资料，目前美国纸面石膏板人均消费量为 $10.5\,\mathrm{m}^2$、欧洲为 $6.5\,\mathrm{m}^2$、韩国为 $5.4\,\mathrm{m}^2$、日本为 $4.7\,\mathrm{m}^2$，中国目前为 $1.3\,\mathrm{m}^2$，低于上述国家水平，具有巨大的发展潜力，同时脱硫石膏利用于石膏板仍有较大空间。

3. 自流平石膏

自流平石膏是自流平地面找平石膏的简称，又称为石膏基自流平砂浆，是由石膏材料、特种骨料及各种建筑化学添加剂混合均匀而制得的一种专门用于地面找平的干粉砂浆。采用自流平石膏施工的地面，尺寸准确，水平度极高，不空鼓、不开裂；作业时轻松方便，效率高；成本低于水泥砂浆。

目前在我国的建筑物施工中，基本上仍然使用水泥砂浆并采用传统的手工方法来做找平层。但自流平石膏在国外应用非常普遍，有成熟的施工技术及配套的施工机具。如欧洲，已有几十年的历史，且约 20% 的脱硫石膏用于自流平石膏。自流平石膏在我国建材市场上是世界上所有成熟石膏产品中尚未产业化的产品，其发展潜力巨大。

4. 石膏砌块

石膏砌块加工性好，轻质高强，是一种适用于大开间灵活隔断的良好的墙体砌块。生产石膏砌块可大量消耗脱硫石膏，$1 m^2$ 砌块可消耗脱硫石膏原料 110 kg，建设 50 万 m^2 生产线就可消耗脱硫石膏 5.5 万 t。但石膏砌块产品受市场和经济性制约，产值低、能耗高，运输半径较小，只适合在大中城市附近发展。

10.2.3　改良土壤

石膏作为盐碱地的改良剂，已经有百年历史，但天然石膏价格高，改良盐碱地成本大，影响了推广应用。脱硫石膏的重金属含量以及污染物含量远远低于国家有关标准，脱硫石膏可以改良酸性、碱性土壤，可以作为肥料试用。按每亩加脱硫石膏 1.5 t 计，土壤改良需要的脱硫石膏约 7 亿 t，但受运输条件的限制。

10.2.4　回填路基材料

大规模公路建设对路基回填材料量的需求很大，对质量要求也越来越高。

研究利用脱硫石膏作为修筑道路的回填材料，既可以为筑路提供材料来源，又可以解决脱硫石膏的利用问题。

10.3　固废资源化技术发展方向

由于粉煤灰和脱硫石膏属于大宗固体废物，其主要以大宗利用为主，同时结合技术研发进展，推广应用粉煤灰分离提取碳粉、玻璃微珠等有价组分和高附加值产品技术，脱硫石膏用于超高强 α 石膏粉、石膏晶须、预铸式玻璃纤维增强石膏成型品、高档模具石膏粉等高附加值产品生产技术。推动废物资源化利用产业链延伸，逐步形成区域循环经济。

第11章 煤电污染控制技术评价体系

11.1 评价体系的构成分析

煤电污染物控制的目的是改善空气环境质量，因此从立足于全社会的利益、立足于环境质量改善的本质、立足于污染控制技术科学推进的需求来看，煤电污染物控制技术（包含对具体煤电项目的环保设施进行改造）的评价体系应由指标体系、价值体系、方法体系和推进体系四个方面构成，如图11-1所示。

图 11-1　评价体系相互关系

指标体系，即反映控制技术的主要特征指标，指标之间互相独立并从不同侧面反映技术和项目改造本质属性和全面性的指标体系。例如，在反映超低排放改造的效果时，是用污染物的削减率还是用环境质量的改善率。

价值体系，即针对指标体系中的主要指标，寻求优、良、中、差的价值判断的分数线。例如，超低排放时每千瓦时电量需要增加一分钱，这一分钱成本是否合算。在具体比较时，应从不同的层次进行比较，如是电力行业和其他行业的比较，还是电力项目间的比较，即改造电力项目还是改造非电力项目，改造这台机组还是改造其他机组。

方法体系，即描述评价指标的数据（含指标、价值结论等），是在什么情景下、条件下、由什么人（或者组织）、用什么方法得到的。例如，排放效果的数值是否由真正意义的第三方用合适的规范进行监测所获得，相关数据是否有配套的技术规范支撑等。

推进体系，即根据指标体系、价值体系、方法体系得出的结果，如某项煤电污染物控制技术（或改造项目方式）具有普遍推广的价值，需要配套哪种政策等（如是通过出台文件推进还是通过修订排放标准来推进，还是与企业签订自愿协议来推进）。

从四个方面的内容和作用容易分析出，指标体系是基石，价值体系是灵魂，方法体系是关键，推进体系是保障，而且形成了递进式互相依存的关系，缺少其中的一个方面都将影响到其他方面存在的价值和作用的发挥。构建好以上四个方面的体系，就可以对某项煤电控制技术或者某项改造方式的效果进行评判。

11.2　各分体系的构成内容

11.2.1　指标体系

按照《环境保护法》《大气污染物防治法》对污染物排放标准制订的要求

（国际上的通行做法），指标体系应涉及三个方面，即环境质量影响、经济代价和技术水平。指标体系构建的重点是选择反映本质属性的指标，避免选择表面化的指标，为了从不同角度更好地分析问题，可将指标分为核心指标和辅助指标。

由于煤电污染物控制技术的首要目的是环保，针对我国大气环境污染的最主要特征是雾霾污染，如对燃煤总量的限制和煤电发展的限制都是以解决雾霾的污染为动力的，因此，必须要明晰控制技术（或者是针对具体的项目）对雾霾减少的贡献（可从宏观或者微观上进行分析）。在环保指标的选择上应考虑三个方面。

一是表达环保效果可以有多种指标，如煤炭减少量、污染减少量、达标排放率、单位国土面积上的减排量等，由于环境污染不仅与排放量有关，而且与地形、气象等条件有关，指标选择应是最能够直接反映对雾霾影响的空气中$PM_{2.5}$的浓度大小。

二是由于对煤电控制技术的评价是基于原有常规技术的对比评价，是在原有"达标排放"基础上的进一步评价，比较评价的核心应是污染物减排的"边际"环境效益。

三是由于雾霾的影响是多种污染源和污染物共同作用的结果，必须将燃煤电厂排放的影响与烧煤散烧及其他污染源的影响进行分担分析，为决策者提供更全面的参考。经济代价指标与技术水平指标，主要是分析在环境目标下的经济可行性与技术可行性问题，也是支撑环境指标的基石，脱离了经济代价与技术水平下的单纯环境指标是没有实际意义的。

在选择上也应考虑三个方面，一是站在全面的高度看，把全社会有限的财力和技术用到燃煤电厂的"锦上添花"还是其他领域的"雪中送炭"，这也是统筹规划的重要内容，因此经济、技术指标应当兼顾到对整体性和全局性决策有参考作用；二是经济、技术指标包括的内容很多，在选择上也应体现关键性指标；三是要考虑到电力生产安全性、可靠性、持续性和负荷变动的影响。根据以上基本考虑，燃煤电厂大气污染物超低排放评价指标体系内容见表 11-1。

表 11-1　燃煤电厂大气污染物超低排放评价指标体系

类　别	指标性质	具 体 指 标	备　注
环境质量影响指标	核心指标	各污染物每千瓦时减排量（分析环境边际效益）	分析环境空气中减排对 $PM_{2.5}$ 的变化，而不是总量减排率
		减排总量对环境空气质量改善的程度	
		常规污染物削减连带产生二次污染的环境影响	氨逃逸、废水、需要处理的危险固废等
	辅助指标	现有燃煤电厂排放对当地环境质量影响的分担率	
经济代价指标	核心指标	每千瓦时减排量电价增量（边际成本变化）单位千瓦的建造成本增量总减排成本（总投资增加及总成本增加）	分析达标排放与超低排放经济代价增量的变化
		单位重量的污染物减排量成本及投资成本	增量部分
	辅助指标	总减排成本占当地同类污染物减排成本的比重	
		当地单位重量同类污染物的减排成本及投资成本	
技术水平指标	核心指标	技术成熟度（可靠性、故障率、负荷变化满足情况）	可定量与定性结合不同技术的考核时间
		能源消耗	能量、电量或者重要的物资消耗
		环保达标排放的风险指标	
	辅助指标	基本的监测或者监管支持	监测技术的支持
		外部条件的变化要求	煤种保障的风险

注：具体指标中的"减排量"是火电机组在达到"超低排放"时的污染物排放量与机组达到"特别排放限制"时的污染物排放量的差值。

11.2.2　价值体系

针对确定的指标给出优、良、中、差的评分标准，以进一步确定达到什么级，对应什么样的推进范围、程度和速度。评分的标准最好是定量，也可以是定性。例如，对超低排放的要求和代价是否合算，在全国也不一样，是与各地的经济、环境、技术水平密切相关的,如对于某一个地区电价增加 3 分钱也可承受,而在另一个地区电价不增也难以承受;即便对于同一个地区也是有差别的,如是将有限的资金投入电力行业超低排放改造,还是用于改善散煤的治理。在确定评分标准时,可以采用发达国家的经验和我国已经确立的燃煤电厂采用的最佳可行技术(BAT)原则。

BAT 原则是相对于最佳实用控制技术(BPT)、最佳常规污染物控制技术(BCT)及现有最佳示范技术(BADT)而体现的。根据 BAT 原则,应当由政府部门制订出一个分数线,作为价值评判的依据,即符合最佳可行技术原则为"优"的原则。对于 BAT 原则立足点不同,结果也会不同,从政府推进角度的来看,应当全社会层面来衡量电厂各种污染控制技术、各种排放限值的价值。企业推进各种新技术,达到各种低的排放浓度,站在企业的角度衡量虽然无可非议,但企业层面的可行并不等于社会层面的可行。以超低排放为例,从企业来讲如煤电超低排放每千瓦时增加 2 分钱与天然气发电成本要高 2 角钱要合算得多,但是,从政府来看,如果将天然气用于民用替代散烧煤要比用于发电更有社会效益和环境效益,如果将每千瓦时的 2 分钱成本用于解决其他环境问题效果更好。本来,天然气发电价格太高,当前只适用于调峰,不适用于带基本发电负荷,要求企业以气电代煤电本来就不是合适的政策,所以不能证明煤电超低排放的合理性,何况超低排放没有考虑二氧化碳问题。

11.2.3　方法体系

在方法体系的构建上,关键是要解决好用什么样的技术规范和什么机构来评判的问题。从目的性来看,将各种新技术能够达到的最低浓度限值(如超低排放),如将其作为依据列入排放标准,该方式与下达企业的科研计划进行验收,为了验证这一技术的普遍适用性,要求不同显然采用的评判方法不同。对于具体项目,可以参照原环境保护部《国家环境保护技术评价与示范管理办法》

（环发〔2009〕58 号）中的一些原则进行评价。例如，遵循客观、科学、公正、独立的原则，采取技术、经济和环境效益相结合，定量与定性相结合，专业评价人员与技术专家评价相结合的方式进行；应当根据评价指南、规范等技术文件开展评价工作，评价结论应当明确被评价技术的可行性、适用范围、适用条件，可达到的环境、技术和经济指标，以及存在的技术风险，不得滥用"国内先进""国内首创""国际领先""国际先进""填补空白"等抽象用语等。

但是对于大面积推进的污染控制技术，这种技术是否可行，经济上是否合理，应当按 BAT 原则修订排放标准的方法要求来进行评判。

11.2.4　推进体系

我国是法治国家，"依法治国"的要求已经深入人心，如果按照上述三个体系的要求开展评判，污染控制技术（现有项目改造方式）是可以推进的，则应该按照法律规定的程序和要求推进技术应用工作，按照行政许可法的要求给企业补偿，按照法律的规定对企业进行合法性监管等。

第 12 章　煤炭清洁技术发展路线图和战略建议

12.1　煤炭清洁技术发展方向研究及发展路线图

从清洁煤炭燃烧利用所涉及的超超临界技术、燃煤工业锅炉、民用散煤、煤电深度节水技术、CCS/CCUS 技术和煤电废物控制技术六类技术的发展现状和国内外对比看，我国在超超临界、煤电深度节水和污染物控制、二氧化碳捕集的一些技术领域已处于世界先进甚至领先的水平。然而，即便在上述优势领域，也仍有部分技术和关键设备需要进一步研发或改进。与此同时，在燃煤工业锅炉、民用散煤和 CO_2 的运输、利用技术等方面，亟待缩小与国外技术发展的差距。

根据对各类技术的发展方向和技术路线的研究和建议，结合近期技术发展的一些新形势，可初步总结出清洁煤炭燃烧技术的未来技术需求。主要包括以下四个方面。

提高煤电效率：以高效超超临界技术为主攻方向，持续提高煤炭燃烧发电的能源效率。

煤电灵活调峰：在保证锅炉燃烧效率的同时，一定程度上解决电力调峰问题。

发展绿色煤电：实现煤电废气超低排放、废水近零排放、固废全部综合利用，促进煤电深度节水，推进煤电低碳化技术攻关。

优化终端燃煤：在控制工业锅炉和民用散煤的燃煤使用规模的基础上，加快提高燃煤工业锅炉的能效和环保性能，大力提升民用散煤的煤质、能效和环保水平。

根据这四类主要技术需求，可初步梳理出我国六类清洁煤炭燃烧技术的技术路线图，如图12-1所示。其中的关键技术和相应的时间节点、里程碑包括以下几个方面。

（1）提高煤电效率的关键技术

2020~2030年，推广应用600℃/610℃/610℃二次再热超超临界汽轮发电机组新型布置技术；完成650℃及700℃超超临界机组示范工程建设并推广应用650℃超超临界机组。

2031~2050年，先进超超临界技术全面商业化。

（2）煤电灵活调峰的关键技术

2020~2030年，通过加大投资力度、采取更进一步的灵活性优化措施，进行机组的启动优化、负荷率提升能力优化、提高机组低负荷下的运行效率，使燃煤火电机组能够更为灵活地应对电力调峰问题。

2031~2050年，实现耦合CCS/CCUS技术的煤电灵活调峰技术的商业化。

（3）发展绿色煤电的关键技术

2020~2030年：①在废气控制上，大力发展多污染协同控制技术，规模采用重金属控制技术。②在废水控制上，完成废水零排放、脱硫废水综合利用技术攻关的基础上，推广高盐废水减量处理、分盐和干燥新技术，实现高盐废水低成本、低能耗处理及综合利用；创新推广高浓缩倍率下循环水补水预处理工艺，研发循环水排污水电化学和膜处理结合工艺回用技术。③在固废控制上，完成相关技术攻关后，以大宗粉煤灰和脱硫石膏高附加值利用为主，示范推广粉煤灰分离提取碳粉、玻璃微珠等有价组分和高附加值产品技术，脱硫石膏用于石膏晶须等高附加值产品生产技术。④在深度节水上，重点推广应用褐煤取水

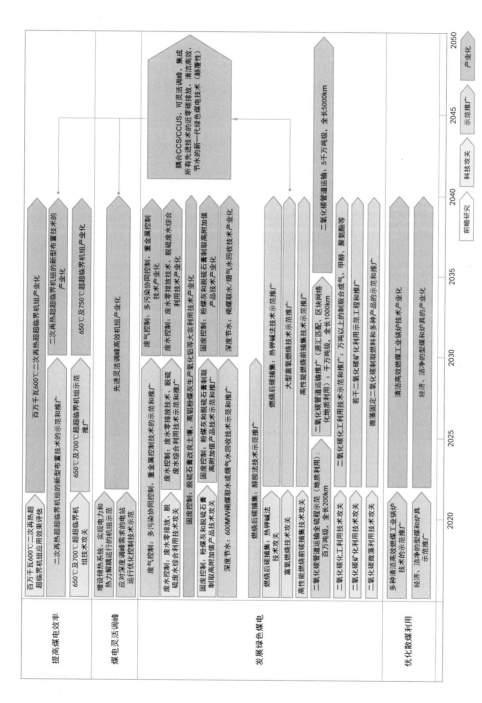

图 12-1　清洁煤燃烧技术的发展路线示意图

和烟气取水技术。⑤在 CCS/CCUS 上，完成相关技术攻关后，推广醇胺法燃烧后捕集技术，建设热钾碱法燃烧后捕集技术、大型富氧燃烧技术、高性能燃烧前捕集技术的工程示范，CO_2 管道运输规模达到千万吨、全长 1000 km，建设 CO_2 地质利用（区块源汇匹配优化/规划条件下）、化工利用、矿化利用、生物利用（微藻固定 CO_2 制取燃料和产品）的工业示范。

2031~2050 年，上述先进技术全面商业化。

（4）优化散煤利用的关键技术

2020 年后，继续加快全面推广清洁高效燃煤工业锅炉技术，重点包括节能低排放循环流化床锅炉、脱硫/除尘/脱氮一体化链条炉等，大力提升工业锅炉的规模和自动化水平，实现节能环保。加快推广低成本、洁净的型煤和炉具技术，并尽快推广应用先进的检测和监测技术，确保煤质和排放达标。在此基础上进行商业化推广，持续提高工业锅炉和民用散煤的洁净化水平。

通过上述四类关键技术的路线图规划，可以构想在 2050 年前，基于各类技术最新进展，有望实现耦合 CCS/CCUS、可灵活调峰、集成所有先进技术的近零碳排放、清洁高效、节水的新一代绿色煤电技术，彻底颠覆对煤电技术高污染、高排放问题的现有认知。而这一远期可持续的绿色煤电技术概念能否在上述技术基础上实现，还需要进行更为前瞻性，甚至颠覆性的技术创新，也是从现在就应该开始重视和研究的内容。总体来看，这一长期展望性的重大里程碑，可作为引导当前技术创新和技术革命的长期愿景，反过来对目前以前瞻性，甚至颠覆性技术创新为目标的基础研究提出更高的要求。

12.2　煤炭清洁技术发展战略建议

1. 加强宣传，使全社会充分认识到煤炭对于我国能源安全的基础性作用

虽然天然气和非化石能源的发展日益受到重视，但煤炭仍然是我国最为经

济、稳定和可靠的，能够长期保障国家能源安全和维持整个能源系统稳定运行的基础性能源。当前，在雾霾天气频发和全球应对气候变化等严峻挑战下，煤炭被普遍认为是污染和碳排放的罪魁祸首，并引发了众多地区和领域的"去煤化"行动。但所谓过犹不及，这一定程度上并不利于国家能源的安全和稳定。

虽然长远来看，降低煤炭在我国一次能源中的比重是大势所趋。但目前大多数研究认为，即便到 2050 年煤炭仍然将是我国一次能源中占比最大的基础性能源。即便是以油气为主要能源的美国，在倡导天然气和可再生能源发展的同时，也始终坚持推进煤炭清洁技术的研发，以此保障国家能源安全。此外，对于未来可再生能源的大规模发展来说，我国煤炭也将长期作为支撑和维持整个能源系统稳定运行的中间力量，不可或缺。

因此，建议国家通过各种媒体，加大对煤炭清洁燃烧战略意义的宣传力度，使全社会充分认识到煤炭对于我国能源安全的基础性作用，形成对煤炭相关问题更为全面和系统的认识，避免过度"去煤化"和"谈煤色变"可能带来的潜在重大风险，持续重视煤炭清洁燃烧的技术发展。

2. 规划引领，切实提高煤炭用于集中发电和供热的比重

在煤炭燃烧利用的各种途径中，大规模发电和供热最有利于集约化高效和清洁利用煤炭。平均意义上而言，民用散煤的污染排放因子是工业排放的数倍，燃煤工业锅炉的污染排放因子又是煤电厂的数倍。其核心问题在于，煤炭是一种适合规模化生产、输送和利用的集中式能源，从高效清洁角度应提倡集中利用而不是分散利用。

相对而言，民用散煤的利用最为分散、单独利用规模最小，最难以实施环保措施和实现环保监管；燃煤工业锅炉其次，尤其是中小燃煤工业锅炉也具有规模小、利用分散和难以环保管控的特点；煤电相对最为集中，相对最易于实施严格的环保措施和全面的环保监管。因此，提高煤炭用于集中发电和供热的

比例是实现煤炭清洁燃烧的基本战略途径，应通过五年规划的约束性指标加快提高煤炭用于集中发电和供热的比重。

纵观欧美等发达国家，煤炭用于集中发电和供热的比重都在80%上下，美国更高达93%。因此，建议通过五年规划约束目标的引领，使煤炭用于集中发电和供热的比重在2030年达到65%以上，2050年达到75%甚至更高，从用煤结构上保障清洁化，并促进煤电的技术进步。

3. 加快在中小型燃煤工业锅炉中应用一批新型循环流化床技术，从源头控制工业燃煤污染

燃煤工业锅炉高污染排放的一个重要原因，是100 t/h以下的中小锅炉数量巨大、分布广泛，而这些中小锅炉出于经济性的原因，普遍使用品质较差的原煤并缺乏环保措施。对这些锅炉实施环保管控的难度较大，一是难以全面统计和监管，二是增加的运行和燃料成本可能导致用户难以承受，环保效果也难以持续。

目前，新型的循环流化床锅炉已经可以在炉内燃烧阶段就实现烟气排放的低硫、低氮，后续只需安装简易的除尘设备就可实现全面清洁环保、达标排放，并适用于大多数原煤，包括劣质高硫煤。因此，基于该技术，可通过相对简易的工程措施和不需改变煤种，就实现低监管要求的、稳定可靠的燃煤工业锅炉清洁化，较为经济地缓解这部分分散式燃煤的污染问题。

因此，建议在燃煤工业锅炉领域，迅速推广一批新型循环流化床技术，从烟气排放的源头就遏制住工业的分散式燃煤污染。

4. 加快在民用散烧领域推广一批优质型煤和专用炉具，减少民用源的分散式污染排放

在民用散烧煤领域，煤炭单独利用规模相对最小、分布最为分散，原煤尤其劣质煤的使用也十分广泛，采用炉内燃烧技术和环保措施实现劣质煤的清洁利用最为困难。因此，比较现实的出路还是从煤质的源头上想办法。

基于优质低硫煤，通过团聚制作型煤，或采用低温热解工艺制取兰炭等清洁煤制品，可以从源头上遏制污染的产生，加强型煤固硫剂技术、引火型煤技术等配套技术的研发。但同时，应根据洁净型煤的燃烧特性，加大对型煤配套炉具的研发并加强炉具生产市场监管。因此，应以优质型煤的推广为突破口，重点建立优质型煤的生产、运输、配送、利用和服务一体化的专业化体系，迅速在民用散烧领域推广一批优质型煤和炉具，以较小的经济代价和贴合用户需求的办法，实现这部分煤炭的清洁燃烧。

5. 重视基础研究，加快推进一批面向未来的绿色煤电技术颠覆式创新的国家重点研发专项

从煤炭清洁燃烧的长远可持续发展角度，发展绿色煤电是主要出路，但必须同时兼顾提高煤电效率、实现污染物近零排放、深度节水和切实降低碳排放，以及改善调峰性能等多重要求，同时还需要保障经济性。从目前现实的工程技术基础看，很难同时较为经济地实现可持续煤电的多重目标。

但展望将来，新型材料、储能技术和信息网络技术等活跃领域正不断产生创新成果和技术突破，为彻底改观煤电的基本原理和性能提供了可能。因此，建议国家以颠覆式创新、长期可持续煤电为导向，广泛征集各个前沿领域的思想和技术进展，设立一批向未来的绿色煤电技术颠覆式创新的国家重点研发专项和相关自然科学、社会科学的基础研究重大项目，为未来煤电技术的根本转型打下坚实的理论和方法基础。

参 考 文 献

[1] AMER M, DAIM T U. Application of technology roadmaps for renewable energy sector [J]. Technological Forecasting and Social Change, 2010, 77 (8): 1355-1370.

[2] BEST D, BECK B. Status of CCS development in China [J]. Energy Procedia, 2011, 4: 6141-6147.

[3] CHANG S Y, ZHUO J K, MENG S, et al. Clean coal technologies in China: Current status and future perspectives [J]. Engineering, 2016, 2 (4): 447-459.

[4] CHEN Q Q, LV M, GU Y, et al. Hybrid energy system for a coal-based chemical industry [J]. Joule, 2018, 2 (4): 607-620.

[5] CHEN W Y, XU R N. Clean coal technology development in China [J]. Energy Policy, 2010, 38 (5): 2123-2130.

[6] FANG Z Q, YU X C, TANG W Q, et al. Denitration by oxidation-absorption with polypropylene hollow fiber membrane contactor [J]. Applied Energy, 2017, 206: 858-868.

[7] GEUM Y J, LEE H J, LEE Y J, et al. Development of data-driven technology roadmap considering dependency: An ARM-based technology roadmapping [J]. Technological Forecasting and Social Change, 2015, 91: 264-279.

[8] GROENVELD P. Roadmapping integrates business and technology [J]. Research-Technology Management, 1997, 40 (5): 48-55.

[9] HAO S B, SONG M. Technology-driven strategy and firm performance: Are strategic capabilities missing links [J] Journal of Business Research, 2016, 69 (2): 751-759.

[10] HOLMES C, FERRILL M. The application of operation and technology roadmapping to aid Singaporean SMEs identify and select emerging technologies [J]. Technological Forecasting and

Social Change, 2005, 72 (3): 349-357.

[11] HUANG H, YANG S Y, CUI P Z. Design concept for coal-based polygeneration processes of chemicals and power with the lowest energy consumption for CO2 capture [J]. Energy Conversion and Management, 2018, 157: 186-194.

[12] KOSTOFF R N, SCHALLER R R. Science and technology roadmaps [J]. IEEE Transactions on Engineering Management, 2001, 48 (2): 132-143.

[13] LI J, HU S Y. History and future of the coal and coal chemical industry in China [J]. Resources, Conservation and Recycling, 2017, 124: 13-24.

[14] LI N, CHEN W Y. Modeling China's interprovincial coal transportation under low carbon transition [J]. Applied Energy, 2018, 222: 267-279.

[15] LI Q, STOECKL N, KING D, et al. Exploring the impacts of coal mining on host communities in Shanxi, China-Using subjective data [J]. Resources Policy, 2017, 53: 125-134.

[16] LIU H W, NI W D, LI Z, et al. Strategic thinking on IGCC development in China [J]. Energy Policy, 2008, 36 (1): 1-11.

[17] LIU Q, JIANG K J, HU X L. Low carbon technology development roadmap for China [J]. Advances in Climate Change Research, 2011, 2 (2): 67-74.

[18] LIU Z Y, WANG G, LI P, et al. Investigation on combustion of high-sulfur coal catalyzed with industrial waste slags [J]. Journal of the Energy Institute, 2018, 92 (3): 621-629.

[19] MA J, QIN G T, ZHANG Y P, et al. Heavy metal removal from aqueous solutions by calcium silicate powder from waste coal fly-ash [J]. Journal of Cleaner Production, 2018, 182: 776-782.

[20] BRAY O H, GARCIA M L. The integration of strategic and technology planning for competitiveness [C]. Proceedings of the Portland Internatioanal Conference on Management of Engineering and Technology, Portland, 1997.

[21] ROBERT P, CLARE F J P, DAVID P R. Technology roadmapping—A planning framework for evolution and revolution [J]. Technological Forecasting and Social Change, 2004, 71 (1-2): 5-26.

[22] ROBERT P, GERRIT M. An architectural framework for roadmapping: Towards visual strategy

[J]. Technological Forecasting and Social Change, 2009, 76 (1): 39-49.

[23] SHI Q L, QIN B T, LIANG H J, et al. Effects of igneous intrusions on the structure and spon-
taneous combustion propensity of coal: A case study of bituminous coal in Daxing Mine, China
[J]. Fuel, 2018, 216: 181-189.

[24] TANG X, SNOWDEN S, MCLELLAN B C, et al. Clean coal use in China: Challenges and
policy implications [J]. Energy Policy, 2015, 87: 517-523.

[25] VEKEMANS O, LAVIOLETTE J-P, CHAOUKI J. Reduction of pulverized coal boiler's emis-
sions through ReEngineered Feedstock^{TM} co-combustion [J]. Energy, 2016, 101: 471-483.

[26] WANG C Y, ZHAO Y Q, LIU M, et al. Peak shaving operational optimization of supercritical
coal-fired power plants by revising control strategy for water-fuel ratio [J]. Applied Energy,
2018, 216: 212-223.

[27] WANG P F, TAN X H, CHEN W M, et al. Dust removal efficiency of high pressure atomiza-
tion in underground coal mine [J]. International Journal of Mining Science and Technology,
2018, 28 (4): 685-690.

[28] WANG Z F, XU G Y, REN J Z, et al. Polygeneration system and sustainability: Multi-attrib-
ute decision-support framework for comprehensive assessment under uncertainties [J]. Journal
of Cleaner Production, 2017, 167: 1122-1137.

[29] HUANG W L, YIN X, CHEN W Y. Prospective scenarios of CCS implementation in China's
power sector: An analysis with China TIMES [J]. Energy Procedia, 2014, 61: 937-940.

[30] XIN L, WANG Z T, WANG G, et al. Technological aspects for underground coal gasification in
steeply inclined thin coal seams at Zhongliangshan coal mine in China [J]. Fuel, 2017, 191:
486-494.

[31] XU J, YANG Y, LI Y W. Recent development in converting coal to clean fuels in China [J].
Fuel, 2015, 152: 122-130.

[32] XU J L, LIANG Q F, DAI Z H, et al. The influence of swirling flows on pulverized coal gasifi-
ers using the comprehensive gasification model [J]. Fuel Processing Technology, 2018, 172:
142-154.

[33] YASUNAGA Y, WATANABE M, KORENAGA M. Application of technology roadmaps to govern-

mental innovation policy for promoting technology convergence ［J］. Technological Forecasting and Social Change, 2009, 76 (1): 61-79.

［34］ YOU C F, Xu X C. Coal combustion and its pollution control in China ［J］. Energy, 2010, 35 (11): 4467-4472.

［35］ YUE G X, CAI R X, LV J F. et al. From a CFB reactor to a CFB boiler-The review of R&D progress of CFB coal combustion technology in China ［J］. Powder Technology, 2017, 316: 18-28.

［36］ ZHANG Y P, ZHANG L, LI L H, et al. A novel elemental sulfur reduction and sulfide oxidation integrated process for wastewater treatment and sulfur recycling ［J］. Chemical Engineering Journal, 2018, 342: 438-445.

［37］ ZHANG Y J, FENG G R, ZHANG M, et al. Residual coal exploitation and its impact on sustainable development of the coal industry in China ［J］. Energy Policy, 2016, 96: 534-541.

［38］ XU Z F, HETLAND J, KVAMSDAL H M, et al. Economic evaluation of an IGCC cogeneration power plant with CCS for application in China ［J］. Energy Procedia, 2011, 4: 1933-1940.

［39］ ZHOU C Y, WANG Y Q, JIN Q Y, et al. Mechanism analysis on the pulverized coal combustion flame stability and NO_x emission in a swirl burner with deep air staging ［J］. Journal of the Energy Institute, 2019, 92 (2): 298-310.

［40］ 李政, 付峰, 麻林巍. 2005 年中国能流图 ［J］. 中国能源, 2007, 29 (7): 15-16.

［41］ 徐玮鞯, 刘东, 楼伯良. 电力节能减排现状分析及对电网节能技术监督工作的启示 ［J］. 供用电, 2014, 4: 65.

［42］ 盛济川, 曹杰. 低碳产业技术路线图分析方法研究 ［J］. 科学学与科学技术管理, 2011, 11: 85-92.

［43］ 国家能源局. 科学发展观的 2030 年国家能源战略研究报告 ［R］. 2009.

［44］ BP. BP Statistical Review of World Energy 2009 ［R］. 2009.

［45］ 国家能源局. 2009 年全国电力工业年度统计数据 ［R］. 2009.

［46］ BP. BP Statistical Review of World Energy 2010 ［R］. 2010.

［47］ 国家能源局. 2010 年全国电力工业年度统计数据 ［R］. 2010.

［48］ BP. BP Statistical Review of World Energy 2011 ［R］. 2011.

[49] 国家能源局. 2011 年全国电力工业年度统计数据 [R]. 2011.

[50] 国家统计局. 中国能源统计年鉴 2011 [M]. 北京：中国统计出版社, 2012.

[51] BP. BP Statistical Review of World Energy 2012 [R]. 2012.

[52] 国家能源局. 2012 年全国电力工业年度统计数据 [R]. 2012.

[53] 国家统计局. 中国能源统计年鉴 2012 [M]. 北京：中国统计出版社, 2013.

[54] BP. BP Statistical Review of World Energy 2013 [R]. 2013.

[55] 国家能源局. 2013 年全国电力工业年度统计数据 [R]. 2013.

[56] 国家统计局. 中国能源统计年鉴 2013 [M]. 北京：中国统计出版社, 2014.

[57] 国家能源局. 2014 年全国电力工业年度统计数据 [R]. 2014.

[58] BP. BP Statistical Review of World Energy 2014 [R]. 2014.

[59] 国家统计局. 中国能源统计年鉴 2014 [M]. 北京：中国统计出版社, 2015.

[60] BP. BP Statistical Review of World Energy 2015 [R]. 2015.

[61] 国家能源局. 2015 年全国电力工业年度统计数据 [R]. 2015.

[62] 国家统计局. 中国能源统计年鉴 2015 [M]. 北京：中国统计出版社, 2016.

[63] BP. BP Statistical Review of World Energy 2016 [R]. 2016.

[64] 国家能源局. 2016 年全国电力工业年度统计数据 [R]. 2016.

[65] 国家统计局. 中国能源统计年鉴 2016 [M]. 北京：中国统计出版社, 2017.

[66] BP. BP Statistical Review of World Energy 2017 [R]. 2017.

[67] 国家能源局. 2017 年全国电力工业年度统计数据 [R]. 2017.

[68] 国家统计局. 中国能源统计年鉴 2017 [M]. 北京：中国统计出版社, 2018.

[69] 中国工程院"中国能源中长期发展战略研究项目组". 中国能源中长期（2030、2050）发展战略研究（综合卷）[M]. 北京：科学出版社, 2011.

[70] 谢克昌. 中国煤炭清洁高效可持续开发利用战略研究 [M]. 北京：科学出版社, 2015.

[71] ROBERT P, CLARE F, DAVID P. 技术路线图——规划成功之路 [M]. 苏竣, 等译. 北京：清华大学出版社, 2009.

[72] 国际能源署. 国际能源署能源技术路线图制定和落实指南（2014 年版）[R]. 巴黎：国际能源署, 2014.

[73] UN COMTRADE. Unted Nations Commodity Trade Statistics Database [EB/OL]. 2006.

http://comtrade. un. org/db/.

[74] 国际能源署 . Technology roadmap—Energy storage ［OB/EL］. 2014. https：//webstore. iea. org/
technology-roadmap-energy-storage.

[75] 国际能源署 . 技术路线图：高效低排燃煤发电 ［OB/EL］. 2012. https：//webstore. iea. org/
technology-roadmap-low-carbon-transition-in-the-cement-industry.

[76] 中国电力企业联合会规划发展部 . 2016 年度全国电力供需形势分析预测报告 ［EB/OL］.
(2016-2-3) ［2016-4-19］. http：//www. cec. org. cn/yaowenkuaidi/2016-02-03/148763. html.